# 길 위의 동물을 만나러 갑니다

창비청소년문고 35

길 위의 동물을 만나러 갑니다
수의사 최종욱의 사계절 생태 순례

초판 1쇄 발행 • 2019년 11월 22일

지은이 • 최종욱
펴낸이 • 강일우
책임편집 • 김선아
조판 • 신혜원
펴낸곳 • (주)창비
등록 • 1986년 8월 5일 제85호
주소 • 10881 경기도 파주시 회동길 184
전화 • 031-955-3333
팩시밀리 • 영업 031-955-3399 편집 031-955-3400
홈페이지 • www.changbi.com
전자우편 • ya@changbi.com



ISBN 978-89-364-5235-3 43400

# 길 위의 동물을 만나러 갑니다

최종욱 글·사진

수의사
최종욱의
사계절
생태 순례

창비

길을 나서며

# 경이롭고 아름다운 생명들과 함께 걷는 길

길을 걷는 습관이 생겨난 것은 정말 우연이었다. 수의사의 운명이란 참 얄궂다. 동물을 살리고 싶어서 수의사가 되었지만, 정작 수의사가 된 뒤에는 동물이 죽는 현장에 가야만 했다. 이리저리 피해 보려 했으나, 조류 독감이 유행할 때는 닭을 살처분하는 현장에 가야 했고, 마침내는 도축 검사관이라는 이름으로 도축장에도 가야 했다. 사람들의 안전과 건강을 위해 누군가는 반드시 해야 하는 일이지만 그 현장에 서 있는 일은 결코 쉽지 않았다. 하지만 어쩌랴. 일을 그만두지 못할 바에는 어떻게든 버텨 볼 수밖에.

도축장의 하루는 새벽부터 시작된다. 아침 일찍부터 도축장에서 죽은 가축들을 보고 나면 너무나 무거운 마음이 되었다. 오후에 남는 시간에는 주변에 있는 길을 무작정 걷기라도 해야 조금 진정

되었다. 그렇게 한여름에도, 한겨울에도 매일 거의 같은 길을 반복해서 걸었다. 길을 걸으며 마음속으로 인간을 위해 희생된 동물들을 위로했다. 그러면서 스스로 그 길을 죽은 동물들을 추모하기 위한 순렛길이라고 불렀다.

다행히 도축장에 얼마 있지는 않았지만 길을 걷는 일은 그 후에도 관성처럼 계속되었다. 그러던 중에 "나도 같이 걷자." 하고 한 친구가 제안해 왔다. "난 무작정 걷는데, 너도 그렇게 걷는 게 좋다면 상관없어." 하고 심드렁하게 대답했지만 속으로는 그 제안이 너무나 반가웠다. '이 친구와 함께 가면 더 멀리까지도 갈 수 있겠구나!'

혼자는 힘들지만 둘이 가면 외롭지도 않고 의지도 된다. 모르는 곳을 무작정 가 보자 해도 두렵거나 망설여지지 않는다. 나는 그렇게 찰떡궁합의 벗과 함께 오늘도 길을 나선다.

길을 걷다 보면 자연히 스쳐 지나가는 모든 동물에 관심을 주게 된다. 16년 동안 동물원에서 일하면서 동물들만 보았으니 그들이 부스럭부스럭 움직이는 소리부터 오묘한 똥 냄새까지 어느 한 가지도 익숙하지 않은 것이 없기 때문이다. 그래서 같이 걷는 친구가 미처 보지 못하는 동물들을 곧잘 발견하기도 한다.

"야! 저기 뱀이다."

"에이, 놀리지 마."

“저기 배수로 좀 봐 봐.”

“어! 놀라라. 정말이네. 저게 어떻게 보였어? 소리라도 들었어?”

어떻게 내 눈에 보였는지는 나도 잘 모르겠다.

“아니, 그냥 이상한 예감이 들었어.”

어느 날은 오동나무 구멍에서 평생 처음 본 동물이 나를 빼꼼히 쳐다보고 있었다. 얼굴의 반을 차지할 만큼 커다란 눈으로 나를 바라보는 모습을 보자마자 녀석의 정체가 하늘다람쥐라는 것을 단박에 알았다. 처음 본 동물인데 어떻게 알았는지 설명하기는 힘들다. 그냥 평소에 모든 동물에 관심을 두다 보면 저절로 알게 된다. 그래서 동물을 추모하며 걷는 순렛길은 자연스럽게 동물들을 자주 만나는 길이 되었다. 그것이 이 책의 탄생 비밀이라면 비밀이다.

이 책에는 2017년부터 기록한 내 순례의 여정을 담았다. 처음에는 내가 사는 집에서 가까우면서 자연이 풍요로운 지리산 둘레길을 많이 걸었고, 점차 발을 넓혀서 나중에는 좀 더 멀리 있는 강이나 섬에도 다녀왔다. 동물을 만나러 가는 길이라지만 사실 만남을 미리 약속할 수도, 예약할 수도 없는 노릇이다. 그저 한 가닥 기대를 품고 무작정 걷다 보면 그 계절의 주인공들이 어디선가 불쑥 나타날 뿐이다.

길에서 만난 동물들은 대개 나그네에게 친절하다. 자기들도 이 세상을 천생 나그네처럼 살기 때문이다. 때로는 삶을 닮은 고양이가 마치 우리와 함께 가려는 듯 몇 킬로미터를 따라오기도 하고, 하늘에서 까마귀들이 드론처럼 따라붙기도 한다. 가을이면 메뚜기들이 마치 일부러 그러는 듯 자꾸 내 몸에 부딪쳐 온다. 그들에게는 우리가 신기하고 우리에게는 그들이 재밌으니 서로 호기심을 주고받는 사이가 된다.

길을 걸으면서 만난 동물들의 이름과 생태에 대해서도 많은 것을 알게 되었다. 특히 새롭게 알게 된 동물들은 곤충들이다. 왜 파브르가 그처럼 곤충에 심취했는지 이제는 조금 알 것 같다. 그들은 어디에나 있고, 겨울이면 모두 사라졌다가 봄이면 바람처럼 다시 나타난다. 길에서 애벌레나 번데기도 많이 만난다. 애벌레는 그 번데기 속에서 모두 액화된 이후에 세포 재배열을 통해 아름다운 나비로 환생한다. 이렇게나 신기하고 놀라운 피조물들이 항상 내 곁에 있다는 것이 언제나 든든한 자랑거리이다.

지금까지 밝혀진 100만여 종의 지구상 동물 중 약 1/4이 딱정벌레이고, 개미 한 '과'의 무게가 모든 인류를 합친 몸무게보다 더 무겁다니 정말 놀라운 세계 아닌가? 순렛길에 서지 않았다면 그런 멋진 진실을 평생 모르고 살았을 것이다.

사실 나는 같은 '강'에 속하는, 푸근한 포유동물을 가장 좋아한다. 하지만 그들이 대체로 워낙 야행성인 데다 은밀하게 살기 때문에 곤충이나 새를 더 자주 만난다. 미처 못 만나는 포유동물들은 길 위에 남은 발자국이나 똥을 통해 그들의 생존 신호를 확인하기도 한다. 운이 좋으면 이따금 먼발치에서 바라볼 기회를 얻는다.

길을 나서지 않았다면 한낮에 수달 둘이 물속에서 장난하며 헤엄치는 모습도, 고라니가 갈대밭을 헤엄치듯 우아하게 뛰어가는 모습도 영원히 보지 못했을 것이다. 이런 경이롭고 아름다운 생물들과 동행하는 것에 매번 감동한다. 그들 덕분에 나도 내 삶을 사는 것이다.

길 위에서

최종욱

## 차례

3부
## 가을



4부
## 겨울

# 1부

1

# 다람쥐가 악착같은 수전노였다면

3월

오늘은 은근한 기대가 있었다.

'이제 봄이니 겨우내 못 만났던 동물들을 좀 만나지 않을까? 적어도 다람쥐 정도는 보겠지?'

요 며칠 꽃샘추위가 유독 심했는데 오늘 날씨는 쾌청했다. 친구와 함께 지리산 둘레길을 걷기 시작한 이래 날씨가 우리 발목을 잡은 적이 한 번도 없다. 참으로 고맙고도 기적 같은 일이다. 매사 바쁜 척하는 우리는 날씨를 따지지 않고 그냥 시간이 되는 날 가기 때문이다. 내가 요즘 지리산 둘레길을 걷고 있다고 말하면 모두들 감탄해 마지않는다. 나 역시 누군가 그러고 있는데 나는 안 하고 있다면 아마 부러워 죽었을 것이다.

나에게는 이 순렛길을 걷는 중요한 목적이 있다. 바로 동물들을 만나는 것이다. 대개 여행하는 사람들은 식물이나 풍경 그리고 사람들을 찾아 나서지만 나는 동물들을 찾아 나선다. 길 위에 사는 다채로운 동물들을 만나러 간다.

길 위에 나선다고 매번 동물들을 볼 수 있는 것은 아니다. 제 마음대로 움직이는 녀석들이라 볼 때도 있지만 못 볼 때가 더 많다. 그래도 길 위에는 크든 작든 반드시 무수한 동물이 살고 있고 나를 지켜보고 있다는 것을 안다. 그래서 늘 인사하는 마음으로 길을 걷는다. '오늘은 또 누굴 만날까?'

## 멧돼지들도 봄기운이 발동하는 계절

기대를 안고 힘차게 발을 내디뎠다. 오늘 길은 산 중턱까지 푸른 오솔길로 쭉 이어져 있고 간간이 옆으로 나란히 시냇물이 흘렀다. 절로 노래가 흥얼거려지는 매우 기분 좋은 산길이다. 날씨가 너무 좋아 마치 아지랑이 속을 산책하는 것 같은 느낌이 들었다. 나중에 알고 보니 사실은 미세 먼지 속을 등산하고 있었다. 오늘은 '미세 먼지 나쁨'이란다. '산 공기가 미세 먼지를 중화해 주었겠지.' 하고 스스로 위안을 해 보았다.

인적이 드문 숲길을 터벅터벅 올라가다 보니 금세 어느 봉우리에 이르렀다. '밤재'라는 동네 이름이, 밤처럼 동그란 바위에 새겨져 있었다. 밤재는 정유재란 때 왜군들이 구례에서 남원으로 인명을 해치며 쳐들어온 곳이라고 한다. 아마 수많은 백성과 군인이 피를 흘리며 죽어 간 비극의 고개였을 것이다. 세월은 하염없이 흘러서 이제 그 흔적들은 모두 지워지고 오직 '왜적침략길 불망비'만 새로 세워져 기억을 전하고 있었다.

봉우리에 올라서자 갑자기 많은 사람이 보이기 시작했다. 이들은 우리와 다른 길로 와서는 우리와 똑같이 산수유마을을 찾아 내려가는 모양이었다.

산길을 내려가다 보니 여기저기 길이 찢기고 파인 흔적이 역력했다. 이런 흔적을 만들 수 있는 야생 동물은 딱 한 녀석밖에 없다. 바로 우리나라 최강의 야생 동물인 멧돼지. 그들은 호랑이가 사라진 산을 차지한 제왕답게 자기들의 흔적도 커다랗고 자신 있게 남긴다. 밤새 광란의 축제를 벌인 후 아침에 유유히 사라져 지금은 숲속 어디선가 코를 골며 자고 있을 것이다.

요즘은 멧돼지들도 봄기운이 발동하는지 먹이와 상관없이 도심 곳곳에 여기저기 출몰하고 있다. 사람도 녀석 들도 모두 걱정스럽다. 태양과 아드레날린과 에스트로겐의 화학 작용에 붙들린 멧돼지들의 몸은 스스로 통제가 되지 않는다. 그러다 보니 사람들에게 미친 짐승 취급을 받고 때로는 가차 없이 죽임을 당한다. 근본적으로는 인간의 영역과 동물이 영역이 너무 겹친 탓이고 생태 사슬의 균형이 무너져 버린 탓이다. 멧돼지가 사는 곳까지 사람들이 들어가 농사를 지으니 사람과 멧돼지가 만날 수밖에 없는 것이다. 또 멧돼지 입장에서는 산에 먹을 것이 떨어지니 자꾸 인가까지 내려오게 된다. 멧돼지 이야기를 하니, 같이 간 친구가 묻는다.

"산에서 멧돼지 만나면 어떡해야 돼?"

"그냥 가만히 있어. 그럼 제가 더 놀라서 돌아갈 거야."

이건 내가 실제로 멧돼지 떼와 조우하고 얻은 대책이다. 들판에서 한두 번 마주친 적이 있는데 송구하게도 녀석들이 모두 오던 길로 뒤돌아 도망갔다. 1:10인데도 그랬다.

낮에는 멧돼지를 크게 걱정할 것이 없다. 혹시 산사태 같은 소리가 나더라도 멧돼지가 멀리서 먼저 인간 냄새를 맡고 미리 도망가는 소리이니 안심해도 된다. 그러지 않고 정말 가까이 오려 하면? 그때는 얼른 바위 뒤나 나무 뒤로 숨거나, 그것도 안 되면 땅바닥에 납작 엎드린다. 그럼 멧돼지도 사람이 공격할 생각이 없음을 알고 짐짓 모른 척 지나갈 것이다. 사실 이런 산에서는 멧돼지보다 풀숲에 숨은 말벌, 그리고 가만히 그늘에서 똬리를 틀고 노려보고 있는 살모사를 더 조심해야 한다.

## 도롱뇽 알 집은 우주 정거장 같아

물이 좀 흐르는 길가 도랑을 잠시 살펴보았더니 아니나 다를까

## 도롱뇽 알 집

튜브같이 생긴 도롱뇽 알 집 수십 개가 여기저기 흩어져 있었다. 도롱뇽은 2월 아직 추운 때, 올챙이나 물고기 같은 무서운 천적들이 깨어나기 전에 알 집 형태의 알을 일제히 낳고 잠시 돌보는 척하다가 어디론가 홀연히 사라진다. 다시 자러 가는 것일까?

아무튼 남겨진 반투명한 젤리질의 우주 정거장 같은 알 집 안에는 식물성 공생 균이 함께 들어 있다. 공생 균은 광합성을 하여 알들에게 산소와 영양분을 공급한다. 오래된 알 집이 점점 푸른색으로 변하는 이유다. 한 달 정도 되면 알들이 작은 올챙이 모양으로 부화한다. 그러면 남은 알 집은 그들의 단기 생존 영양분이 된다. 그 이후에 도롱뇽들은 동료들과 치열한 생존 경쟁을 벌인다. 그러기를 두 달 정도 하면 아가미가 없어지고 다리가 나오게 되고 그때부터는 비로소 물에서 뭍으로 나와 숲속에서 신선 같은 홀로서기 삶을 살아가게 된다.

알 집을 보고 이런 이야기를 펼치니 벗은 놀라움을 감추지 못했다. 어느 것 하나 쉽게 사는 동물 없고 신비하지 않는 동물이 없다. 갑자기 「환희의 송가」가 떠올랐다.

“영화로운 조물주의 오묘하신 솜씨를 우리들의 무딘 말로 기릴 줄이 없어라!”

산수유마을에는 노란 양파꽃 같은 산수유꽃들이 피었는데 아직은 절정기가 아니어서인지 뭔가 속 빈 강정 같은 허전함이 있다. 구경 온 이들도 적었다. 꽃이 덜 피기도 했지만 미세 먼지 탓도 큰 것 같았다. 산수유 축제가 열리는 중이니 요란할 줄 알았는데 생각보다 조용하다. 점점 인구가 줄어드는 탓에 유희에 나서는 이들도 점차 줄어들고 있는지도 모른다. 이러다 보면 ‘시끌버끌한’ 축제는 사라지고 규모는 작지만 차분하고 좀 더 품격 있는 축제들이 자연스레 그 자리를 메울 수도 있겠다. 집 뜰의 작은 목련이나 매실나무 한 그루에 꽃이 피면 가족 축제나 마을 축제라도 열 수 있지 않을까? 그곳보다 편안하고 아름다운 곳이 또 어디 있을까?

점심을 먹고 잠시 멍하니 있다가 노란 기운 가득한 산수유마을을 떠나 왔던 자리로 되돌아가기 시작했다.

## 잎이 노루를 닮은 노루귀

한참을 가다 보니 한 떼의 사람들이 갑자기 산비탈 안으로 들어가 뭔가를 열심히 사진 촬영하는 모습이 보였다. 호기심이 발동하여 무작정 따라 들어가 "뭐 있어요?" 하고 넌지시 물으니 '노루귀'가 피었다고 한다. 자세히 보니 분홍색의 작고 야무진 꽃들이 여기저기 피어 있다. 유심히 살피지 않으면 모르고 지나칠 만한 크기였다. 이 사람들은 야생화를 찾아다니는 모임이어서 어디에 꽃이 피는지를 익히 아는 것 같았다. 어쩌면 이방인인 우리에게 심마니 같은 자신들의 귀한 비밀을 들킨 것인지도 모른다. 우리에게는 행운이었다.

이 작은 꽃 이름에 왜 '노루'가 들어갈까 싶었는데 잎을 보니 정말 노루의 귀처럼 도톰하고 둥그렇게 생겼다. 꽃이 아니라 잎을 보고 이름을 지었다니 그것도 놀라운 일이다. 그러고 보니 동물과 연관된 이름을 가진 식물들이 꽤 많이 생각난다. 매발톱, 제비꽃, 개불알꽃, 강아지풀, 까치수염, 돼지감자, 괭이밥 등등. 아이들은 이런 재밌는 식물 이름만 익혀도 훌륭

노루귀. 이른 봄에 희거나 연하게 붉은 꽃이 핀다.

한 한글 공부가 되겠다. 노루나 고라니는 한 마리도 못 봤는데 뜻밖에 귀한 노루귀를 보니 마치 노루를 만난 것처럼 반가웠다.

## 다람쥐는 숲의 정원사

마지막 지점에서 드디어 진짜 동물 하나를 만났다. 그럼 그렇지! 처음부터 다람쥐가 겨울잠에서 진즉 깨어났을 거라 생각했다. 다람쥐는 쥐라지만 참 예쁘다. 코끝에서 꼬리 끝까지 다섯 선으로 곧게 나 있는 줄무늬도 멋지고 크기도 앙증맞으며 두툼하고 긴 꼬리가 특히 매력적이다. 웬만한 산에는 어디나 살면서, 그런 작고 예쁜 모습으로 마치 숲의 요정처럼 도토리를 깨물며 사람을 반긴다. 누구도 이런 다람쥐를 미워할 수 없다. 타고난 매력을 가진 다람쥐를 우리나라 숲의 팅커벨이라 부르고 싶다.

다람쥐는 포유동물 중에서 가장 멋진 집에서 겨울잠을 자는 동물이자 먹이 창고도 운영하는 부자 동물이다. 그리고 그 부자의 건망증과 넉넉함이 숲의 여러 군데에 참나무 군락을 만들어 낸다. 부지런한 다람쥐는 곳곳에 식량 저장소를 만들어 놓았다가 겨울잠 중에 잠깐씩 깨서 먹이를 먹는다. 그러나 저장소 위치를 쉽게 잊어버리는 탓에 다 찾아 먹지는 못한다. 그냥 땅에 떨어진 도토리는 대부분 썩어 버리지만 다람쥐가 잃어버린 식량 창고 속 도토리는

다람쥐

봄이 되면 발아를 해 나무가 된다. 그래서 다람쥐를 숲의 정원사라 부른다.

다람쥐가 자기 것만 챙기는 악착같은 수전노였다면 낙엽 활엽수의 근사한 숲은 형성되지 못했을 것이다. 간만에 흔적이 아닌 진짜 동물을 보게 돼서 얼마나 반가운지 모른다. 내게 숲속의 보물찾기는 바로 동물 찾기이다.

2

# 후진을 모르는 꽃뱀 구출 대작전

그동안 계속 주먹구구식으로 길을 잡다 보니 도대체 코스에 기준이 없었다. 이리 가든 저리 가든 한 바퀴만 돌면 그만이지 하고 생각했다. 이번에도 그렇게 대충 골랐는데, 선택된 코스가 그야말로 지리산 둘레길의 원조 격인 제1 코스였다. 이 길은 시작부터 엄청나게 힘들었다. 만일 우리가 이 길을 첫 코스로 택했으면 둘레길 순례를 계속하는 것을 심각하게 고려했을 것이다.

'오늘은 산책이 아니라 등산이네, 등산!'

그동안 우리가 걸어온 길들은 오르막길이 조금씩 있긴 했어도 대부분 도로나 마을 길 같은 평지에 가까웠다. 그런데 이 길은 처음부터 땀이 정말 비 오듯 쏟아졌다. 그렇게 한 시간가량을 헉헉대며 말도 없이 꼭대기만 향해서 오르고 또 올랐다. 그 고된 시간이

연리목 소나무

지나자 드디어 내리막길과 평지가 반복되는 구간이 나왔다. 고생 끝에 낙이 오는 법임을 몸으로 실감한다.

이어지는 길은 마치 뱀처럼 좁고 구불구불했다. 중간에 만난 연리목 소나무는 한 나무가 마치 유연한 뱀 모양으로 변해서 다른 나무의 줄기를 타 오르고 있었다.

"이건 완전히 나무 뱀인데! 이무기가 용이 되려다 여기서 나무가 된 모양이야."

지나다 보니 비석에 구룡골의 전설이니 하는 이야기가 쓰여 있었다. 어째 기분이 좀 싸했다. '전설의 고향' 속에라도 들어온 기분이다. 뱀이라도 떼로 나올 것 같은 느낌인데, 그러고 보니 뱀이 안 보인다. 뱀이 나올 때가 됐는데……. 작년 겨울 추위에 다들 어떻게 된 건 아닐까? 갑자기 걱정이 올라온다. 이런 이야기를 했더니 친구가 무심히 대꾸한다.

"징그러운 뱀이 안 보이면 더 좋지 뭘 그래?"

"뱀도 귀한 생명체야. 천연기념물이기도 하고. 사람들이 괜히 미워하니까 숨어서 살지."

"그래도 뱀 나오는 건 싫더라."

"하긴 나도 뱀 보면 소름 끼치긴 해. 자주 보는데도 갑자기 나타나면 적응을 못 하고 움츠러들더라."

오르막길에서는 서로 아무 말 없이 식식거리며 '네가 오래 버티나 내가 더 버티나.' 자존심 싸움만 했는데 길이 편해지니 말도 트이기 시작했다. 사람은 배부르고 편해야 철학 같은 것도 조금 하게 되는 모양이다.

## 시멘트 함정에 빠진 새끼 꽃뱀

시원한 당산나무 그늘 밑에서 점심을 먹었다. 가져온 컵라면은 물이 늘 식어 있어 면이 불어 버린다. 겨우 국물만 마셨다. 둘레길을 걸으며 새삼 마을마다 자리한 당산나무의 소중함을 느낀다. 그들은 마을의 휴식이며 상징이자 영혼이다.

날이 더워지고 걷는 일도 점점 힘에 부치면서부터 우리에게 원칙 아닌 원칙이 하나 생겼다. 배가 부르면 왔던 길로 되돌아가는 것이다. 그래서 본 코스의 절반을 가기가 힘들다. 그러면 어떠리! 느릿느릿 움직이느라 지리산에서 세월을 더 보낼 수 있다면 그것도 좋다. 사무락다무락마을에서 발길을 돌려서 구룡폭포 쪽으로 길을 잡았다. 폭포 이름 또한 심상치 않더니 잠시 도로변을 걷는 도중에 배수로에서 무언가 발견했다. 왜 배수로에 눈이 갔는지는 나도 모른다. 동물들과 나 사이에는 이상한 끌림 같은 것이 있는 것 같다.

그곳에서는 새끼 꽃뱀(유혈목이)이 어떻게든 배수로의 깊은 시멘트 함정에서 빠져나오려고 몸부림치고 있었다. 이 꽃뱀은 우리나라에서 가장 흔히 볼 수 있는 뱀으로, 온통 여름 풀 같은 진한 초록색 몸에, 목 부위가 꽃봉오리처럼 빨갛다. 사람을 만나면 대개는 신나게 달아나지만 궁지에 몰리면 '한국의 코브라'라는 별칭처럼 목을 치켜들고 독을 쏘려고 준비한다. 이 독은 사람에게는 그다지 치명적이지 않지만 작은 포유동물 정도는 마비시킬 수 있다. 뱀이라고 보면 징그럽지만 자세히 보면 이름처럼 참 예쁘다. 그런 녀석이 배수로 안에서 죽음과 숨바꼭질을 하고 있는 거였다.

## 배수로가 위험한 이유

그러다 갑자기 시야에서 사라지기에 어디 갔나 찾았는데 그 순간 또 한 마리 뱀을 발견했다. 이번에는 제법 큰 녀석이었다. 바로 우리나라 최고의 바이퍼(독사)인 살모사! 아무리 커도 구렁이에 비하면 반의반도 안 되지만 공격력으로 보면 훨씬 강력한 녀석이다. 그 독에 쏘여도 대부분은 문제없지만 독이 잔뜩 있을 때 잘못 물리면 다리를 절단해야 하거나 생명에 지장이 생길 수도 있다. 특히 독이 오르는 봄가을이 위험하다. 시골 어른들은 녀석에게 물려 돌아가신 마을 분들 이야기를 한두 가지씩은 간직하고 있을 정도다. 옛날에는 병원 가기도 힘들었고 항혈청은 꿈도 못 꾸었을 테니 목숨을 잃기가 쉬웠을 것이다.

살모사에는 세 종류가 있다. 살모사, 까치살모사, 쇠살모사. 오늘 본 것은 몸에서 붉은빛이 나는 쇠살모사였다. 까치살모사가 독이 가장 세다고는 하지만, 셋 다 크기나 강도는 비슷한 것 같다. 구전으로 내려오는 살모사 중에 칠점사라는 것이 있다. 난 보지 못했고 파충류 학자들은 그런 뱀의 존재를 부인하지만 심마니나 땅꾼들은 그 존재를 당연시한다. 산 위에 살며 거의 구렁이 크기로, 한 번 물리면 일곱 걸음을 떼지 못하고 죽는다는 무시무시한 뱀이다.

아무튼 배수로의 두 녀석은 거기서 빠져나오려고 빠른 속도로 전진과 터닝을 반복하며 꿈틀거리고 있었다. 뱀들은 후진을 못 하는 것으로 안다.

요즘 이렇게 사람만 편리하자고 만든 농수로나 배수로에 동물들이 빠져 헤어 나오지 못하는 일이 자주 발생한다. 고라니나 족제

왼쪽 • 길에서 만난 꽃뱀. 빛깔이 알록달록하다 하여 꽃뱀이라는 이름이 붙었다.
오른쪽 • 쇠살모사

비 같은 작은 포유류들에게도 위험하고, 개구리나 뱀 같은 양서 파충류들에게는 특히 치명적이다. 또 하나의 잔인한 '로드킬'(야생동물이 도로에서 목숨을 잃는 일.)이지만 아직 이에 대한 문제의식은 거의 없는 상황이다. 이런 일을 방지하려면 배수로 전체를 경사지게 만들거나, 배수로 중간에 동물이 오를 수 있는 경사로나 계단을 만들어 주어야 한다.

## 옳은 일을 했다고 생각하지만

일단 내 눈으로 본 이상 녀석들을 구해 주는 것이 급선무였다. 나도 뱀이 익숙하지 않아 손으로 잡는 수준은 못 된다. 부지런히 주변을 뒤져 길고 짱짱한 막대기 하나를 찾았다. 보통은 집게 같은 것으로 집어 옮기는데 도로변에 그런 것이 있을 리 만무하다. 어렸을 적 동네에서 자치기하던 실력으로 자꾸 빠져나가려는 꽃뱀을 막대기에 올렸다. 뱀 몸이 막대기 중간쯤 걸쳐졌을 때 힘껏 쳐들었다. 뱀은 하늘을 날아서 가볍게 길 위에 착지했다.

두 번째 살모사는 더 조심스러웠지만 그래도 무게도 더 나가고 몸이 커서 자치기하기는 더 쉬웠다. 다만 녀석이 너무 무거운 나머지 도로 중간에 떨어져 버렸다. 일단 지나가는 차를 친구에게 막아서게 한 후 막대기로 서서히 몰아가려 하는데 녀석은 내 맘도 모르고 꿈쩍도 안 하면서 오히려 똬리를 틀고 꼬리를 흔들며 반항하기 시작했다. 친구가 막아선 차는 빵빵거리며 유리창을 내리더니 "뭐 그런 위험한 걸 살려 줍니까!" 하고 핀잔을 퍼붓는다. 애써 외면한 채 다시 한번 자치기를 시도해서 논가의 풀숲으로 겨우 피신시켰다. 벗이 손뼉을 쳤다.

우리는 옳은 일을 했다고 생각하지만 또 아닐지도 모른다. 살모사의 경우 자칫 누군가에게 화근이 될 수도 있기 때문이다. 인간의 편리로만 보자면 세상의 동물들은 거의 없어져야 한다. 하지만 그들 역시 귀한 생태계의 조절자들이며 한 생명이다.

오늘 일정이 심상치 않더라니 결국 모든 것이 뱀으로 귀착되었다. 길도 뱀이고 지명도 뱀이고 심지어 나무도 뱀이더니 기어이 실제 뱀들과 마주쳤다. 마지막으로 만난 큰 뱀은 아홉 개의 굽이와 커다란 폭포를 지닌 구룡계곡이었다. 수량도 풍부하고 경치도 아름답고 피톤치드를 가득 선사할 것 같은 건강한 계곡 길을 따라 내려가니 몸에 붙은 피로감이 싹 달아나는 느낌이다. 그 차디찬 물에 뜨거워진 발을 담그니 '신선놀음도 별것 아니네!' 하는 감동이 몰려왔다.

휴일에 방을 박차고 어디든 낯선 곳으로 떠나는 것은 늘 기대 이상의 선물을 가져다준다. 그래서 머무는 이들은 계속 머물려 하고 떠나는 이들은 계속 떠나려 하는 모양이다.

3

# 왜가리는 동네 사람, 백로는 손님

5월

날이 정말 더워졌다. 아직 5월인데 또 무슨 이상 기후인 걸까? 요즘은 한반도에 이상 기후가 종류별로 하도 많아서 이상 기후가 이상해 보이지 않을 지경이다. 날이 더우니 출발할 때부터 급작스레 지치기 시작했다. 거의 여름 수준이다.

이제 바야흐로 자연에 사람은 줄어들고 벌레와 새 들이 주를 이루는 계절로 접어들고 있다. 강남 갔던 제비들도 이미 돌아왔고 뻐꾸기, 물총새도 긴 여행을 마치고 돌아왔다. 사방에서 뻐꾸기가 "뻐꾹뻐꾹" 한다. 찰나에 파란 비단 조각 같은 물총새도 "삐리릭" 하면서 강을 휙 지나간다. 눈썰미가 없으면 감히 구경조차 하기 힘든 귀한 새다. 하늘에서 "까가각 까각" 하고 마치 고장 난 기계가 돌아가는 것 같은 소리가 난다. 생김새와는 전혀 어울리지 않는 소

지빠귀류의 새들.

리를 내는 파랑새다. 파랑새는 짝을 맺으려고 온 하늘이 마치 자기 것인 양 수직 강하 비행을 하고 있다. 마치 전투기 두 대가 서로 공중에서 싸우는 듯 그들은 그야말로 전쟁 같은 사랑을 한다. 왜 저렇게까지 하는지 그 이유는 알 수 없다. 그냥 파랑새는 원래 그런가 보다 할 뿐.

요즘은 파랑새가 적어도 동네마다 한 쌍씩은 꼭 날아다닌다. 하늘에서 기계 소리 같은 소리가 들리면 망원경을 들고 한번 올려다 보시길! 그러면 빨간 부리에 새파란 날개를 가진 예쁜 파랑새를

길에서 만난 고양이.

만날 수 있다. 자연을 알면 알수록 밖을 돌아다니는 것이 보기만큼 힘들거나 심심하지 않다. 걷다 보면 우리는 가끔 새가 되기도 하고 곤충이 되기도 한다.

## '길고양이'는 자연이 준 기회

둘레길에서는 언제나 '길고양이'를 만난다. 오늘도 고양이 한 마리가 우리 뒤를 졸졸 따라온다. 꽤 외로웠나 보다. 머리를 좀 쓰다듬었더니 던져 준 쥐포도 본체만체하고 1킬로미터 가까이 따라왔다. 고양이들도 우리처럼 몸의 배고픔보다 마음의 배고픔이 더 큰 모양이다. 그렇다고 어떻게 해 줄 수는 없다. 결국 큰 소리로 쫓았더니 서운한 듯 머뭇거리다 강기슭으로 슬그머니 사라졌다. 평소 별로 동물에 관심 없던 친구가 못내 이별을 서운해한다. 그런 모습을 보면 대개 정겹다. '길고양이'가 있어 도시에 정서가 살아 있고 야생 동물들도 편하게 만날 수 있는 것 같다. 어쩌면 '길고양이'는 기계가 지배하는 지구를 구하는 '은하 철도 999'처럼, 인공지능이나 로봇을 추구하는 메마른 우리 시대에 마지막으로 자연이 던져 준 선물이자 기회일지도 모른다.

## 외국 가면 철새, 못 가면 텃새

길게 이어진 강가에는 강 위의 귀족, 왜가리와 백로가 보인다. 둘은 같은 왜가릿과인데 색깔은 왜 그리 차이가 나는 걸까? 백로가 기품 있는 존재라면 왜가리는 왠지 보통 사람을 보는 것 같다. 그래서일까? 왜가리는 이름에서 보는 것처럼 귀한 대접을 받지 못한다. 그런데 왜가리는 텃새이고 백로는 철새다. 동네 사람과 손님 같은 차이다.

텃새와 철새의 차이를 어머니와 산책하면서 선명하게 깨달은 적이 있다.

"엄마, 새들은 참 좋겠어. 저렇게 하늘을 마음대로 날아다니니까 가고 싶은 데도 다 가고."

"그래! 새들은 행복할 거야. 외국도 마음대로 가고."

앗, 그렇구나! 외국을 마음대로 가는 건 철새고, 외국을 한 번도 못 가 본 참새나 왜가리 같은 것들은 텃새인 셈이다. 정말 명쾌하다. 그래서 '외국 물'을 먹은 꾀꼬리, 제비, 백로, 고니 같은 것들은 좀 더 세련되어 보이고, 참새나 까치는 촌스럽지만 친근해 보이는 걸까?

백로는 흔해서 이 새에 대해서는 누구나 알 것 같지만 사실은 거의 잘 모른다. 종류가 무척 다양하기 때문이다. 여름 철새로 경운기 뒤를 떼로 따라다니는 작은 황로, '쾌걸 조로'를 닮은 왜가리, 중백로, 가장 흔한 중대백로, 발가락이 노란 쇠백로, 멸종 위기종이 된 노랑부리백로, 겨울 철새인 대백로, 수직 이착륙기를 닮은 해오라기 등등. 백로는 이 모든 새의 총칭으로 구별해서 보면 참 재밌고 생명력 또한 질긴 새이다. 어느 시조에서 "까마귀 노는 골에 백로야 가지 마라!"라고 했지만 사실 둘이 어울려 살아도 그들은 자기를 알고 아끼며 또 유유상종할 줄 아니 걱정하지 않아도 된다.

사람은 유유상종하다가도 금방 유유상'쟁'하기도 한다. 참 복잡하고 이해하기 힘든 동물이다. 그래서 사람 쪽에 가까운 침팬지나 고릴라도 동물원에서 키워 보면 좀처럼 속을 알 수 없는 경우가 많다. 조울증도 심하고 자기들끼리 쌈도 잘한다. 모순적이게도 영리하기 때문에 길들이기 또한 쉽다. 두려움과 고통을 아니까 그것을 회피하려는 순종과 타협 또한 잘 알기 때문이다.

## 새들은 낮을 즐긴다

오늘 코스는 정말 지루하게 쭉 뻗은 둑길이었다. 날이 무더우니 사람이건 동물이건 누구도 마주치지 않았다. 새들만 보였다. 역시 낮을 주로 즐기는 동물은 새다. 새 말고 다른 동물들은 대부분 야행성이다. 물론 새 중에도 야행성이 꽤 있다. 부엉이, 올빼미가 대표적이고 해오라기, 휘파람새 그리고 새벽에 으스스한 휘파람 소리를 내서 귀신 새라고도 불리는 호랑지빠귀도 야행성이다. 이런 새들을 제외하면 대체로 새들은 주행성이고 태양을 숭배한다.

그러니 여름이면 새들을 실컷 볼 수 있다. 좀 있으면 노란 꾀꼬리도 돌아올 것이고 유리새, 청호반새, 호반새, 물총새, 파랑새, 후투티, 제비 등도 볼 수 있다. 이런 계절에는 굳이 새를 보려고 동물원에 갈 필요가 없다. 발품과 '눈품'을 팔아 여기저기 살펴보면 어디서든 아름답고 다채로운 여름 철새들의 축제를 함께 즐길 수 있다.

## 버찌나 산삼이 자손을 퍼트리는 방식

길조차도 온통 새똥 길이었다. 5월 말에서 6월 초에 유난히 새똥이 눈에 밟히는 이유는 거의 모든 똥이 퍼플 컬러, 보라색이기 때문이다. 이때 새들이 먹는 것이 대부분 보라색 열매여서 그렇다. 뽕나무 열매 오디, 벚나무 열매 버찌 모두 보라색이다. 요즘은 외래 과일 블루베리까지 한몫 거든다. 아마도 소화가 그다지 잘 안 되니 색상도 변함없이 나오는 것일 테다.

포도 같은 보라색 계열의 과일은 안토시아닌이 풍부하다. 이 색소는 항암, 항노화 작용으로 유명한 성분이다. 새는 이렇게 자연의 약을 본능적으로 찾아 먹으니 암에 잘 안 걸리는 것 같다. 한국인 10명 중 1명이 걸린다는 암, 새들이 먹는 것을 따라 하면 예방이 좀 되지 않을까 생각해 본다.

생물 교과서에서 공생 관계를 이야기할 때 대표적인 예가 개미와 진딧물의 관계였다. 그냥 책 속의 이야기인 줄로만 알고 외우고 넘어갔었다. 그런데 오늘 본 많은 풀과 식물의 줄기에서는 새까맣게 기생하고 있는 회색 진딧물, 그 진딧물을 잡아먹으려는 빨간 무당벌레, 그 무당벌레로부터 진딧물을 '보디가드'해 주며 감로라는 먹이를 얻는 검은 개미들의 한 치 양보 없는 백병전이 펼쳐지고 있었다.

무당벌레

더워서 끝까지 가지 못하고 결국 버스를 잡아탔다. 에어컨 돌아가는 시골 버스가 이렇게 고마운 줄 미처 몰랐다. 우리는 다섯 시간 동안 걸었지만 버스는 10분 만에 우리를 원점으로 데려왔다. 좀 허무하다. 속도의 미학과 느림의 미학 사이, 우리는 어디쯤에 서 있어야 할까?

4

# 후투티를 사랑하는 방식

5월

지난번 경주에 갔을 때 후투티를 보러 5월에 다시 와야겠다고 막연히 생각했었다. 경주에는 후투티라는 유명한 새가 있다. 인디언 새, 오디새라고도 불리는 후투티는 여름 철새로, 다른 지역에서는 굉장히 드물게 보인다. 그러나 이곳 경주에는 여름에 후투티가 집단으로 오고 소수지만 텃새화된 것들도 있다. 경주시 한가운데에 수목이 잘 가꾸어진 황성공원이 있는데 이곳에 특히 많다. 황성공원은 예전에 화랑들이 훈련하던 곳이라는데 그러고 보니 현대에 재현한 화랑의 머리 장식이 후투티와 꽤 닮았다. 그럼 혹시 후투티들은 옛 화랑들의 분신일까?

지난번의 생각을 잊지 않고 있다가 드디어 후투티가 도래하는 5월이 되자 길을 나섰다. 표면상으로는 멀리 떠나보낸 아들이 잘 있는지 보러 가는 여행이었다. 지난 2월 경주에 아들의 자취방을 마련하면서 몇 가지 마음에 걸리는 것이 있었다. 욕실 유리창이 흔들렸고, 신발장 옆 장판 조각이 떨어져 나가 있었다. 일단 테이프로 대충 붙여 놓았고 아들은 사는 데 크게 지장 없다고 했지만 아빠 입장에서는 완전하지 못한 집을 그대로 놔둔다는 것이 내내 신경 쓰였다.

내 나름대로 직접 수리를 한번 해 보고 싶어서 실리콘이나 밀대 같은 생소한 도구들도 챙겼다. 이런 도구들을 써 본 적은 없고 쓰는 것을 어깨 너머로 본 적은 있다. 어릴 적에 아빠가 이런저런 집안일을 자꾸 함께하자고 시켜서 불만이었는데 이제 그 위치가 되어 보니 '그게 다 이런 것이었구나.' 하고 막연히 짐작하게 된다. 나이가 들고 내가 아빠의 모습으로 점차 변해 가는 것이 낯설기도 하지만 '결국 이렇게 뭔가 조금씩 하려다가 훌쩍 지나가는 게 인생인가 보다!' 하고 어렴풋이 깨닫는 중이다.

## 바다에 갈매기가 없었다면

경주로 가는 여행은 늘 설렌다. 내가 사는 광주에서는 비교적 멀지만 외국 여행은 보통 한 코스 이동하는 데 일고여덟 시간씩 걸린다는 것을 감안하면 차로 서너 시간쯤 달리는 것에 불평할 수는 없다. 경주에는 아직 못 가 본 곳이 많이 남아 있고 못 본 동물도 많다. 그곳에 가면 동해의 푸른 바다도 있고 독도, 울릉도 같은 아름다운 섬, 그리고 해인사 같은 국보 사찰을 품고 있는 멋진 산들도 즐비하다.

광주는 거의 초여름인데 경주에 다가가니 여태 겨울인가 싶게 추웠다. 아들을 만나 카레와 돈가스를 맛있게 해치우고, 부지런히 집안일 미션을 완수한 후(초보 치곤 잘했다!) 문무 대왕릉과 감은사지가 있는 바다 쪽으로 나섰다. 지도상의 거리로는 차로 사십 분쯤 걸리는 곳인데 그 정도 이동하는 일은 동해 바다를 지척에서 보는 호사에 비하면 아무것도 아니다. 교과서에서만 본 그 유명한 문무 대왕릉을 직접 본다는 것만으로도 크게 설렜다.

경주 시내를 가로질러 감포 쪽으로 줄곧 달렸더니 정말 가볍게 그곳에 도착했다. 바닷가에 나왔더니 추위가 아예 뼛속까지 파고들었다. 따듯한 봄날에 느껴 보는 오싹한 추위, 과히 나쁘진 않았다. 마침 따듯한 옥수수를 팔기에 하나씩 사서 물고 문무 대왕릉 쪽으로 가까이 갔다. 대왕릉에는 재갈매기가 세 마리 정도 앉아 망중한을 즐기고 있었다.

'고래가 보이지 않는 바다에 갈매기라도 없었다면 얼마나 삭막했을까?'

저번에 갔던 포항 호미곶에서도 그 유명한 '상생의 손' 조각상 위에 갈매기가 앉아 있을 때와 아닐 때 사뭇 분위기가 달랐던 기억이 난다. 갈매기는 한 마리 앉으면 고독한 이미지, 두 마리 앉으면 정다운 이미지, 세 마리 이상은 분주한 이미지로 바뀐다. 갈매기는 어느 바다에나 흔해서 만일 리처드 바크가 소설 『갈매기의 꿈』을 쓰지 않았다면 그저 그런 새로 남아 있었을 것이다. 그 작품을 통해 모든 갈매기는 끊임없이 한계에 도전하는 강인한 영혼 '조너선 리빙스턴'이 되었다. 문학이 주는 힘은 바로 이런 것일 테다. 숨은 가치를 드러나게 해 주고 원래 있는 가치를 더욱 빛나게 해 주는 것.

의외로 대왕릉은 작고 쓸쓸해 보였다. 하지만 오히려 그 점이, 죽어서 동해의 용이 되어 왜적을 물리치겠다는 문무왕의 기개를 더욱 드러내는 것 같았다. 마치 단 10척의 배를 가지고 아군의 10배도 더 되는 적을 맞으려고 명량 앞에 선 이순신 장군의 배 같았다.

대왕릉을 뒤로하고 내친 김에 가까이 있다는 주상 절리에 한번 가 보기로 했다. 주상 절리는 무등산 서석대, 부안의 해금강 등에서도 보았다. 용암이 급격히 녹으면서 마치 폭포가 얼어붙듯 만들어진 형상이 주상 절리로, 그 모양은 대개 수직으로 각이 지게 깎아 놓은 듯하다고 알고 있다. 그런데 오! 여긴 완전히 달랐다. 마치 전 세계 주상 절리를 전부 모아 오기라도 한 듯, 주상 절리가 왼쪽 해변부터 수직 기둥이 쏟아져 있는 듯하다가 점점 기울더니 마침내 완전한 수평으로 누워서는 도넛처럼 빙 둘러 있다. 마치 둥근

왼쪽 • 문무 대왕릉. 신라 문무왕의 수중 왕릉으로, 대왕암이라고도 불린다.
오른쪽 • 경주의 주상 절리.

나무토막을 태워 만든 숯 조각 같았다. 뻘겋게 살아 숨 쉬던 무적의 용암이 그보다 더 거대한 바다와 싸우다 마침내 이리 아름다운 자취를 남기고 소멸한 것이다.

## 만남은 언제나 우연히

동물과의 만남을 기대하며 길을 떠나지만, 나는 일부러 동물을 보려 하지는 않는다. 소문만 듣고 무작정 갔다가 우연히 그들과 마주쳐야 비로소 살아 있는 동물 기행이 된다. 이번에는 후투티를 찾아온 여행이기는 했지만 후투티가 있으면 정말 행복할 거고 없더라도 그저 아쉬움을 남기고 돌아설 것이다. 후투티가 나를 기다려 주는 것도 아니고 내가 후투티를 붙들 수도 없다. 동물들과의 만남은 그렇게 우연히 일어나고 가볍게 끝난다.

큰 기대는 없이 황성공원으로 향했다. 초입부터 느티나무 군락과 소나무 군락이 어우러진 황성공원은 인공 숲임에도 청량한 원시림의 깊은 숲 기운을 내뿜고 있었다.

'문화유산, 체육공원, 강, 바다에, 도심 한가운데서 이렇게나 큰 숲 공원까지 누리니 경주 시민들은 참 원도 없겠다!'

시샘 반 부러움 반의 감정이 들었다.

싱그러운 숲 향기를 만끽하면서 그 안에 깃든 새소리와 새들의 움직임에 촉각을 세우고 걷고 있는데, 갑자기 내 옆으로 휙 낮게 날아가는 새의 뒤태가 보였다. 익숙하진 않지만 분명 언젠가 본 후투티의 것이었다.

'아, 있구나!'

더욱 주위를 두리번거리며 걷는데 한 떼의 사람들이 대포 같은 카메라를 들고 한곳에 몰려 있었다. 뻔했다. 저곳에 후투티 둥지가 있는 것이다. 인간의 욕망이란.

귀한 동물들은 인간이 모르게 살면 어디든 그곳이 천국이 되는데, 일단 인간에게 들키면 살던 곳이 곧바로 난리 지옥이 되어 버린다. 그래서 인간에게 시달리다 지치면 애써 정착한 오랜 터전을 버리고 영영 떠나 버리기도 한다. 우리나라는 밀렵꾼은 드물지만 이런 카메라 렌즈가 동물을 쫓는 총 같은 구실을 한다. 그런데 때로는 이렇게 유명세라도 타야 동물들의 터전이 적극적으로 보호받으니 이해관계란 정말 복잡하다.

새들의 보금자리를 지키려면 사람들이 멀리서 지켜보기, 조용히 하기, 절대 간섭하지 않기, 억지로 자연을 꾸미지 않기를 하도록 유도하는 수밖에 없다. 대부분은 이를 잘 지키지만 꼭 한두 사람이 독특한 사진을 얻으려고 장난을 쳐서 전체가 욕을 먹는다.

## 이 순간 행복한 후투티는

사람들은 카메라 렌즈를 한 방향으로 두고 간절하게 한순간을 기다리고 있었다. 바로 후투티가 날아와 나무 구멍 안의 새끼에게 먹이 주는 장면을 포착하려는 것이다. 난 그냥 후투티만 보면 되었지만 그래도 그들 곁에서 함께 숨죽여 지켜보았다. 그들이 노리는

멀리서 바라본 후투티.

후투티는 소나무 구멍에 둥지를 튼 한 쌍이었다. 드물게 아름다운 소나무에, 그것도 거의 성인 키 높이 정도인 낮은 구멍에 둥지를 마련해 놓았으니 정말 그림이 따로 없었다.

후투티 부부는 약 10분 간격으로 열심히 숲 바닥의 벌레를 잡아다 네다섯 마리로 추정되는 새끼들의 주린 배를 하루 종일 채워 주는 그야말로 극한 작업을 하고 있었다. 그 순간만큼은 오직 새끼들의 빨간 목구멍만 보일 뿐 주변에 누가 있는지 관심조차 없는 것 같았다. 아니면 이런 시선에 이미 단련돼 있는지도 모르겠다.

잠깐 몸을 일으켜 주위를 둘러보니 또 다른 후투티 한 쌍이 지척에 있는 느티나무 높은 가지 위에 둥지를 틀고 있었다. 그들도 열심히 벌레 물어 오기 작업을 하고 있었는데 이상하게도 사람들은 그들에게는 전혀 관심을 보이지 않았다.

'알면서 그러는 거야? 아니면 몰라서 그러는 거야?'

주연과 조연은 인간들 사이에서도 하늘과 땅만큼 큰 차이가 나지만, 이 순간 진정 행복한 후투티는 바로 조연인 듯 보였다.

## 슬며시 담장을 없애고 대문을 열어 두면

정작 다른 경주 시민들은 후투티나 카메라에는 아무런 관심을 보이지 않았다. 그저 그 주변에 돗자리를 깔고 아이들과 놀거나 산책을 했다. 호기심이 없는 건지, 알면서도 일부러 모르는 척해 주는 건지 모르겠지만 사실 그들의 방식이 가장 후투티를 사랑하는 방식이다. 공존은 이렇게 슬며시 담장을 없애고 대문을 열어 두는 데에 있다. 이는 텃새인 참새나 직박구리 들이 우리 곁에서 조용히 살아가는 방식이기도 하다. 인도의 벵갈호랑이, 홋카이도의 곰, 세렝게티의 코끼리도 마찬가지다. 서로 영역을 침범하지 않고 상대의 존재를 당연하게 받아들이면 어떤 동물과도 공존하며 살아갈 수 있다.

아주 작고 연약한 새, 그러나 어떤 이들은 며칠이고 날을 새우면서 지켜보는 새, 여름에만 동쪽 나라에서 아주 소수가 오는 진객, 그러나 경주 황성공원에는 참새만큼이나 흔한 새. 참 세상은 다양하고 사는 모습 또한 하나도 같은 것이 없다. 나 역시 나만의 독특함을 잘 가꾸며 살아야겠다.

5

# 선비라면 해오라기를 본받고 싶을걸

6월

'우후죽순'이란 말처럼 정말 뒤돌아서면 죽순이 쑥 자라 있는 계절이 돌아왔다. 날마다 캐도 캐도 다음 날이면 새로운 죽순이 요술처럼 자라나 있다. 부지런한 농부들은 새벽부터 대밭에 나가 죽순을 걷어다 삶고 우려서 시장에 내다 판다. 죽순 맛은 마치 쫄깃한 식물 고기를 먹는 맛과 비슷하다. 중국의 자이언트판다나 레서판다는 대나무만으로 충분히 자신의 한 생을 지탱할 수 있다.

코끼리나 멧돼지도 죽순이나 대나무를 매우 좋아한다. 한번은 내가 근무하는 동물원 뒷산의 울타리 아래를 파고 멧돼지 한 마리가 들어온 적이 있다. 거기서 간간이 죽순을 캐던 직원이 가 보니 죽순은 싹도 트기 전에 멧돼지 밥이 되어 있더란다. 죽순은 사람뿐만 아니라 뭇 동물들에게 인기 있는 먹거리임에 틀림없다.

담양의 여름 풍경.

이런 죽순을 닮은 것이 바로 사슴의 뿔, 녹용이다. 녹용도 이맘때 최절정으로 차오른다. 죽순이 딱딱한 땅속에서 연하게 차오른다면 녹용은 피와 뼈가 거의 반액체화된 채 차오른다. 둘 다 줄기세포 덩어리이고 생명의 정수라 할 수 있다. 이를 눈여겨본 사람들이 가만둘 리 없다.

그러나 그 역시도 한때이다. 사람과 동물 들의 시선을 피해 몰래 몰래 자라오른 수많은 죽순은 어느새 사람 키를 훌쩍 넘어, 단단하고 빛나는 번듯한 대나무가 된다. 녹용도 마찬가지로 날카롭고 단단한 뿔로 우뚝 선다. 전에 티브이에서 큰 애벌레가 나비가 되는 과정을 본 적이 있는데 번데기 안에서 애벌레는 모든 것이 녹고 재배열되어 다시 아름다운 나비로 태어났다. 과학 소설에서 흔히 보는 장면들, 물이나 모래가 스르륵 흘러내리면서 사람의 형상으로 바뀌는 것이 결코 허무맹랑한 것만이 아니었다. 정말 자연은 알면 알수록 모르겠고 더욱 위대해만 보인다. 거리에 불쑥 솟아난 죽순마저 감탄을 자아내는 계절이다.

## 담양의 헌책방

그런 죽순과 대나무로 유명한 담양을 찾았다. 담양 관방천은 수령 300년이 넘는 느티나무, 팽나무, 푸조나무 들로 유명하다. 이 길을 지날 때마다 친구와 이런 말을 나누곤 한다.

"담양은 정말 조상 잘 둔 덕분에 후손들이 푸짐한 혜택을 누리고 있어."

이번 여행지로 담양을 택한 목적이 하나 더 있다. 나와 동시대인이면서 내가 못 하는 문화 농사를 일구어 가는 멋진 사람을 만나기 위해서이다. 그의 별명은 돈키호테이다. 내가 봐도 그는 벽을 벽으로 보지 않고 물로 보고 달려드는 바보 같다. 그런데 그렇게 확신에 차서 달려들면 정말로 벽이 뚫리는 기적이 일어난다. 이번에 그가 달려든 곳은 그의 고향 담양, 그리고 헌책방이다. 그것도 향토사 중심 책방. 그런 책을 요즘 누가 본다고? 그런데 아니었다.

책방 개업식은 인산인해를 이루었다. 평소에 보기 힘든 분들도 거기 가니 다 있었다. 도대체 인간관계를 어떻게 하길래 모두들 이렇게 거미줄처럼 얽혀 있는 걸까? 생물에 비교하자면 그는 거미이고, 그를 아는 사람들은 거미줄에 기꺼이 걸린 희생물일까? 아니다! 그들은 트램펄린 같은 그의 거미줄 위에서 통통 뛰며 노는 어린아이들일 것이다.

## 푸르고 도도한 새

그 책방 이름은 '이목구심서'이다. 귀로 듣고 눈으로 보고 입으로 말하고 마음으로 우러나와서 쓴 책이란 뜻이다. 어떤 책이 그런 과정을 거치지 않겠느냐만, 이렇게 풀어놓고 보니 그럴싸하다. 조선 정조 때 실학자 이덕무가 쓴 책의 제목에서 따 왔다고 한다. 역시 '간서치'다운 책 제목이다. 이덕무는 여러 개의 호를 가지고 있는데 가장 유명한 것이 책만 읽는 바보라는 뜻의 간서치이고 또

하나가 '청장관'이다.

'청장(靑莊, 푸르고 엄숙하다)'이란 바로 해오라기의 한자 이름으로 푸르고 도도한 새라는 뜻이다. 해오라기는 정말로 그 이름답게 산다. 새 중에서는 드물게 으스름한 달밤에 주로 활동하고 깨끗한 물 위에 서서 몇 시간이고 물고기를 기다린다. 그 자세가 전혀 흐트러짐이 없으니 선비라면 무척 본받고 싶은 새였을 것이다.

담양에서 나선 순렛길에서 나도 우연히 낮에 나온 그 새를 보았는데 책방에서 청장관 이야기를 들으니 더욱 살갑게 다가왔다. 눈썰미 있는 사람이라면 이른 밤중에 흔히 날아가는 이 새를 물가에서 볼 수 있다. 하지만 워낙 조용하게 사는지라 이 새를 눈여겨보는 사람은 거의 없다. 그런데 이덕무는 유독 이 새에게 '필'이 꽂혔나 보다. 조선 유학자들의 과학적인 탐구 정신 부족에 때로 실망하다가도 이런 섬세함을 발견하면 확 존경심이 일기도 한다. 무시와 연구, 그들은 그 사이 어디쯤에 있었던 것일까?

## 참새냐 나방이냐

참새 한 마리가 우리 앞에서 나방 한 마리를 부지런히 쫓고 있었다. 한참 동안 추격전을 펼치더니 드디어 낚아채고는 기분 좋은 듯 유유히 사라졌다. 과연 저 날아가는 나방을 동정해야 옳을지 잡아먹는 참새를 응원해야 할지 망설여야 맞겠지만 나는 자연스레 참새를 응원하고 있었다. 그 마음 뒤에 또다시 드는 생각, 나는 흔히 자연주의자처럼 생명의 무게는 다 같다고 말하고 다니지만 내 속에도 인간에 가까울수록, 크고 아름다울수록 더 높은 값을 매기는 천박한 감각이 도사리고 있다.

일전에 어느 국립 생태 기관에서 전시하는 개미를 보고는 개미들을 꼭 저런 유리판 속에 가두어 두고 구경거리로 만들어야 하나 불편한 마음이 든 적이 있다. 그때는 갇힌 개미가 불편했고 지금은 나방을 쫓는 참새를 응원하고 있으니 나 역시 모순투성이 자연주의자다.

2부

# 여름

6

# 잠자리처럼 폭염 속으로 나아가리라

정말 '핫 섬머'다. 아무리 여름은 뜨거워야 제맛이라지만 해도 너무한다. 속된 말로 머리가 벗겨질 지경이다. 그 대신 가로수 길까지 길게 뻗어 나온 복숭아나무 가지에는 어느 해보다 먹음직스러운 빨간 복숭아가 열려서 마치 따 먹으라는 듯 유혹한다. 하지만 주인이 바로 그 곁의 좌판에 앉아 감시하고 있다. 서리를 하려던 것도 아니지만, 괜히 이솝 우화의 여우처럼 핑계를 만들어 본다.

'아마 저 복숭아는 별로 달지 않을 거야!'

오늘은 길을 나서지 말았어야 했다. 햇볕도 너무 뜨겁고 무릎도 아프다. 평소라면 먼저 말을 조잘거릴 내가 가만히 있으니 친구가 "오늘은 별나게 조용하네!" 하면서 불안해한다. 몸도 힘든데 머릿

속이 여러 가지 잡생각으로 범벅되어 잘 안 하던 멀미까지 했다.

어찌 됐든 드디어 출발지인 동강마을에 도착했다. 처음에는 옆으로 시원한 강물이 흘러 그런 대로 좋더니 얼마 안 가서 뜨거운 농로의 아스팔트 길이 죽 이어진다. 그다음에도 뻥 뚫린, 아주 뜨거운 신작로다. 봄가을 같으면 그저 '길 좋네!' 하겠지만 이런 폭염에 시멘트 길이라니!

혓바닥까지 쭉 내밀면서 겨우겨우 걸어갔다. 고맙게도 그 이후로는 산길로 접어들 수 있었다. 숲은 기온을 10°C쯤은 낮추어 준다. 폭염에도 아무 숲에나 들어가면 견딜 만하다. 도시가 얼마나 우리를 '심신양면'으로 계란 프라이처럼 구워 대는지, 이런 날이면 뼛속 깊이 알 수 있다.

이런 더위에 사람들은 시원함을 찾아 강에서 다슬기도 잡고 낚시도 한다. 물고기나 다슬기 같은 동물이 그 안에 살아 있어 가능한 일이다. 그러고 보면 강에서 다슬기 잡는 이들은 피서와 경제활동을 동시에 하는 셈이다. 다슬기잡이는 나도 한번 해 보고 싶었다.

## 개미들의 개미 같은 정성

물을 벗어나자 살아 있는 동물이 별로 보이지 않는다. 지난 장마

통에 밖으로 기어 나왔다가 다시 돌아갈 타이밍을 놓쳐 길 위에서 그대로 산화해 버린 달팽이 껍질들, 마른 지렁이 사체들만 널려 있을 뿐이다. 개미들은 아예 그 밑에 구멍을 뚫어 식량을 뜯어 나른다. 음식물 하나도 안 놓치는 개미들의 개미 같은 정성이 엿보인다.

좀처럼 잘 죽지 않는 거미도 다리를 오그린 채 짠하게 죽어 있다. 여름에는 어디나 거미 천국이다. 이른 여름에 거미의 '알 공장'에서 일제히 알이 부화되어 쏟아져 나오기 때문이다. 매미 역시도 여름에 모두 미라 같은 껍질을 보란 듯이 남기고 우화(번데기가 날개 있는 성충이 되는 일.)한다. 매미의 힘찬 울음소리는 무더위 때면 한층 옥타브가 올라간다.

거미가 번성하니 숲 사방에 거미줄투성이다. 도심 번화가에 매달린 현수막을 보는 듯하다. 걷다 보면 몸의 위아래 어디든 안 걸리는 데가 없다. 우리에게는 거미줄이 그저 걸림 줄이지만 거미들에게 우리는 애써 만든 거미줄을 부수는 불청객이나 다름없을 것이다.

그래도 거미는 황망히 달아나고 성질은 우리가 다 낸다. 갑자기 군대에 있을 적 일이 생각났다. 새벽 작전에 나갈 때면 고참들은 늘 신참들을 앞세웠다. "지금부터 너희들은 척후병이니 정신 똑바로 차리고 전방 주시 잘해라!" 하면서. 척후병은 앞에 나서서 정찰과 탐색을 하는 병사이다. 하지만 고참들의 진짜 의도는 '아침에 맺힌 이슬을 너희들이 다 털고, 밤새 만들어진 거미줄도 너희들이 몸으로 다 막아라!'였다. 그 탓에 신참들의 얼굴은 온통 거미줄투성이가 되고 신발과 바짓가랑이는 척척하게 젖는다. 군대도 변해야 한다는 생각이 머리를 스친다.

## 짧고 굵게 사는 잠자리 인생

거미줄에 얽힌 사연은 다채롭다. 물에도 거미줄이 있었다.

"이상한 벌레가 있어. 거미야, 뭐야?"

친구의 말에 궁금해서 거미줄을 살짝 풀어 봤더니 다리 긴 벌레가 곧바로 물 위로 튀어 나간다. 작은 소금쟁이였다. 소금쟁이도 여름을 대표하는 곤충인데, 이처럼 신기한 동물도 없다. 이들은 아주 자연스레 물 위를 걷는다. 문제는 그 좋은 물에서 수영이나 잠수를 못한다는 것이다. 물 위를 걷는 삶과, 물에 살면서도 평생 수영을 못하는 삶이 함께한다.

이 더운 하늘에 '용'이 많이 날아다닌다. 영어로 드래건플라이라 부르는 곤충, 잠자리들은 여름이 절정이다. 인생 자체가 원 포인트 인생이기 때문에 더위를 피할 여유 따윈 없다. 게다가 더울수록 상승 기류가 생겨 연애 비행하기 더욱 좋다. 짧고 굵게 사는 인생. 개체의 일생은 지극히 짧으나 종의 일생은 지극히 길기만 하다. 일명 화석 동물로서, 공룡 코털 위에서도 날아다녔던 잠자리들은 지금도 태초의 모습 그대로 날아다니고 있다. 참으로 놀랍고 신성한 동물이다.

## 천천히 움직이는 무당개구리

이 더위에 가장 행복한 일은 계곡물에 입수하는 일일 것이다. 그래도 걷다가 입수하기는 뭣해서 선녀탕 같은 곳을 지나칠 때면 입맛만 다셨는데 오늘은 폭포를 만났다. 많이 참았다. 여기서 더 이상 가기 싫었다.

"오늘은 여기까지 하고 돌아갈까?"

"오케이!"

나는 곧바로 윗옷을 벗어젖히고 폭포수로 뛰어들었다. 처음에는 조금씩 들어갔지만 나중에는 아예 폭

지리산에서 만난 폭포.

포 중앙에 서서 낙수를 맞았다. 이 청량감! 이것을 즐겼던 이가 샤워기도 발명한 것이 아닐까? 폭염에 폭포 맞는 맛은 정말 최고였다. 억수같이 내려치는 거대한 물줄기를 맞는 순간 더위가 팽 달아나 버렸다. 바로 앞에서는 급조된 조그마한 무지개가 나를 반겼다. 그렇게 한참을 정신없이 두들겨 맞고 나와 보니 물맛을 좋아하는 녀석이 나 말고도 또 있었다. 무당개구리와 가재였다.

발밑에 기척이 있어 발을 들어 봤더니 오랜만에 보는 가재 녀석이 집게발을 들고 노려보고 있다.

'너도 폭포 맞으러 온 게냐?'

그 옆에 위장 색을 하고 천천히 움직이는 녀석은 무당개구리였다. 진귀한 생물체를 한꺼번에 두 마리나 보았다. 무당개구리는 내가 가만히 있으면 저도 동작을 멈추었다가 내가 움직이면 저도 움직인다. 가만히 있을 때면 턱 밑의 얇은 피부가 들쑥날쑥 움직인다. 내가 만지면 뒤로 딱 자빠져 빨간 배를 보이며 죽은 척할 것이다. 일전에 녀석과 닮은 꽃뱀이 죽은 척하는 것을 보고, 정말 죽은 줄 알고 풀숲에 놓아줬더니 스르르 달아난 적이 있다. 살아남기 위해서는 때로 기막힌 연극도 필요하다.

더위가 심하니 모든 것이 신기루처럼 몽환적이다. 폭포 옆 그늘 밑에서 점심을 먹고 있으니 자꾸 나비 한 마리가 가까이 와서 앉았다 다시 날아가기를 반복한다. 마치 '길고양이'가 친해지려고 다가오는 것 같다. 일장춘몽! 저 나비가 나인가, 내가 나비인가?

왼쪽 • 나비
오른쪽 • 무당개구리. 몸에 사마귀 같은 혹이 많다.

이런 몽롱한 기분, 절대 나쁘지 않다. 여름에는 눈에 힘 좀 빼고 살고 싶다.

친구가 그늘에서 자는 동안 폭포를 몇 번 더 섭렵한 후에 다시 함께 길을 걸어갔다. 한결 견딜 만했다. 여행이란 일단 나서면 반드시 좋은 일이 한 가지 이상 생긴다. 잠자리처럼 폭염 속으로 나아가리라.

7

# 매미와 빨리 죽어 가는 것들

곡성에서 산동면으로 넘어가는 도중에 산길 아래 큰 계곡에 마을이 있길래 궁금해서 잠시 내려가 보았다. 이 작은 마을 이름이 참 특이했다. '하무마을'. 안개 속 마을이란 뜻인데 유래를 보니 옛날 임진왜란 때 전란을 피해서 들어온 부부가 시작한 마을이라고 한다. 실제로 평소에 워낙 안개가 많이 끼어 며칠 동안 가시지 않을 때도 있을 정도라고 한다. 뭔가 신비한 이야기가 물씬 풍겨 나올 듯하다. 이런 마을이라면 소설 속 배경이 되기에 좋지 않을까? 아무것도 보이지 않는 작은 마을, 안개 속에서 불길한 사건이 연이어 일어나고 그 사건의 발단은 임진왜란 때로 거슬러 올라가는데…….

산수유로 유명한 산동면에 도착했다. 작은 면사무소, 큰 정자나무를 품고 있는 작은 교회, 작은 가게들이 보였다. 아직 손때가 묻지 않은, 우리들의 오래된 미래 같은 풍경을 가진 조용한 동네였다.

기왕 나선 김에 가까운 둘레길이라도 돌자고 호기롭게 출발했지만 머릿속이 들끓고 뱅뱅 돌며 다리에 힘이 달리는 통에 더 이상 나아가기가 불가능했다. 오늘의 길은 물길을 따라 이어지기는 하지만 계곡 사방이 공사 중이고 물은 가뭄에 메말라 있었다. 계곡 안쪽 벽은 온통 회색 콘크리트투성이였다.

계란도 익을 것 같은 그 콘크리트 속에서 새까맣게 탄 사람들이 숨 막히는 더위에도 아랑곳없이 오늘도 개미들처럼 열심히 일하고 있었다. 저러다 죽겠다 싶었다. 일하는 사람은 지쳐 가고 자연은 멍들고. 아마도 이런 공사를 계획한 이들은 에어컨 밑에서 편안히 지내겠지. 세상이 모순투성이인 탓에 자연의 길이 점점 매력 없는 딱딱한 일직선 길이 되어 가는 것 같아 안타까웠다.

"헐, 이건 사람 잡는 날씨네!"

이놈의 더위는 왜 이렇게 가실 줄을 모를까? 오늘따라 숲은 안 나타나고 아스팔트 도로만 길게 이어진다. 둘 중 하나라도 쓰러지기 전에 숲에 들어가면 좋으련만. 혀를 내밀고 겨우겨우 걷다가 정자나무 숲을 발견했다. 그 아래에 들어섰더니 정말로 시원했다. 커다란 느티나무 줄기와 잎이 이중 삼중으로 하늘을 가려 주니 이렇게 시원해지는구나! 도시에는 역시 에어컨보다 큰 나무가 절실하다. 좀 시원해지니 머리가 맑아졌다.

## 염천과 죽음의 로드

이런 무지막지한 날에 그래도 활개치고 태양 속을 돌아다니는 짐승은 아마 사람이 유일할 것이다. 대부분의 포유동물은 이럴 때 그늘 아래에 들어가 휴식을 취한다. 털이 많고 땀이 없는 동물들은 조금만 움직여도 사람보다 체온이 훨씬 많이 상승하기 때문이다. 어떤 동물은 너무 더우면 아예 땅속에 들어가 하면, 즉 여름잠을 잔다. 유독 사람만이 땀을 삐질삐질 흘리면서도 기어이 뭔가 하고자 하는 사명감에 불탄다. 그래서 또 사람이 만물의 영장이 되었다. 어떻게든 포기하지 않고 움직여 보려 하니까. 그런데 그게 과연 바람직한 삶의 방식일까? 늘 물음표가 생긴다.

날이 이렇게 무더우니 오늘은 동물들을 거의 못 보리라고 생각했다. 그런데 의외의 동물들이 보였다. 매미가 군데군데 죽어서 개미 밥이 되고 있었다. 잠자리도 땅에 떨어져서 비실비실한 채 누워 있었다. 이미 눈 한가운데가 뜯겨져 나간 것도 있었다. 두더지와 들쥐 새끼 사체가 보였고 길거리에서 '로드킬' 당한 너구리도 보였다. 오늘은 염천과 죽음의 로드였다. 메멘토 모리! 죽음을 기억하며 살아라.

나무에서 발견한 매미 허물.

매미는 3~17년을 땅속에서 애벌레(굼벵이)로 죽은 것처럼 살다가 초여름 어느 날 홀연히 땅속에서 나와 미라 같은 껍질을 남기고 매미가 된다. 그러고는 나무 위에 올라가 그때부터 하루 종일 맴맴맴 노래를 한다. 그러나 그 노래는 두 달 이상 가지 못한다. 생식이란 임무를 마치면 여느 곤충처럼 허무한 죽음으로 생을 마감한다.

활발하게 거미줄을 치며 왕성함을 자랑하는 거미 역시 한 철을 못 넘기고 모두 죽는다. 잠자리도 교미가 끝나고 알을 낳으면 초개처럼 생을 놓아 버린다. 마치 몸에 자폭 장치라도 붙어 있는 것 같다. 인간의 눈으로 보면 그들의 삶은 마치 '번식하는 기계'처럼 비참해 보이지만 그들에게는 그 나름 소중한 삶이다. 개개의 생명은 짧지만 그 종의 삶은 인간의 역사를 수천 배 초월한다. 수학적으로 봐도 그들의 죽음은 백배 천배 넘는 자손을 남겨 두기에 손실은 아니다. 하지만 당연히 그들의 삶이 부럽지는 않다. 나는 인류의 번성보다는 나의 번영이 우선인, 너무나 이기적인 인간 유전자를 타고났기 때문이다. 모든 빨리 죽어 가는 것들에 축복이 깃들기를!

## 하이에나가 썩은 고기를 마다한다면

죽은 동물은 안타깝지만 사체를 잽싸게 분해하는 동물들은 매우 위대해 보인다. 어찌 보면 그들의 작업은 참으로 숭고하다. 스캐빈저 즉 청소부라 불리는 쇠똥구리, 독수리, 콘도르, 하이에나가 땅 위를 담당한다면 강이나 바다에서는 악어나 물고기 들이 먼저 분해하고, 그다음에는 파리나 개미 같은 곤충들이, 끝으로 미생물들이 마지막 진물까지 말끔하게 분해한다. 더위가 맹위를 떨치는 이번 여름 같으면, 죽은 동물의 육체는 깃털과 털, 뼈만 남기고 일주일 안에 모두 사라진다. 땅과 지구의 오물은 그렇게 처리된다. 독수리나 콘도르가 자기 머리를 빡빡 밀면서까지 내장을 먹지 않는다면, 하이에나나 파리가 썩은 고기를 마다한다면, 이 지구는 온갖 썩어 가는 시체들이 넘쳐 나는 추악한 행성으로 변하고, 끝내는 전염병으로 아무도 살 수 없는 행성이 되고 말았을 것이다.

'열' 받은 몸과 허기진 배를 앞세우고, 맛있고 시원한 뭔가를 간절히 찾았다. 면사무소 앞에 작은 콩국숫집이 눈에 들어오기에 무작정 들어갔다. 유레카! 우리가 원하던 맛집이 그곳에 있었다. 직접 키운 콩을 믹서로 갈아 국물을 내고 즉석에서 뽑은 국수를 더해 만든 구수하고 부드러운 맛. 요즘 콩국숫집은 많지만 가는 데마다 맛에 실패한 쓰라린 경험을 가진 터라 이런 집은 정말 소중한 줄 안다.

"사장님, 국수가 정말 맛있어요!"

"우리 집에서 먹고 간 사람들은 대개 그렇게들 이야기해요."

들릴 듯 말 듯 조용하고 겸손한 말투에서 자긍심과 세월이 느껴졌다. 이 여름 폭염을 식혀 주는 건 에어컨보다는 정자나무 그늘, 맛있는 얼음 콩국수, 한 줄기 푸른 바람, 졸졸졸 흐르는 계곡물, 잔잔한 가을 노래, 그런 것들이었다.

8

# 소금쟁이가 물 위를 달려간다

8월

폭염과 연이은 폭우라는 폭군들 때문에 산행이 힘들어졌다. 하지만 이미 관성이 붙은 다리는 나를 섬진강으로 이끌었다. 상식적인 이들은 태풍과 폭우가 오면 피하려 하지만 난 오히려 그런 과한 기상 현상들을 직접 몸으로 부딪치고 싶은 충동을 자주 느낀다. 그렇다고 내가 무슨 모험가는 아니다. 사실 소심한 편에 가깝다. 그냥 호기심이 좀 있을 뿐이다. 여수에서 살 때는 태풍이 불어오는 날이면 아파트 창문은 휘어질 지경인데도 폭풍이 부는 바닷가로 달려가곤 했다. 머리카락이 뽑힐 듯 요동치는 바람과 치솟는 파도를 보는 것만으로도 가슴이 뻥 뚫리는 시원함을 맛볼 수 있기 때문이다.

이번에는 길벗이 몸을 사리기에 홀로라도 나서 보자 해서 섬진강으로 갔다. 섬진강은 언제든 나를 배신하지 않는 곳이다. 일찍 하늘로 떠난 친구의 재를 뿌린 인연으로 몇십 년 동안 틈나는 대로 찾았더니 그 길의 변천사도 보게 되었다. 처음엔 흙길, 그다음엔 자갈길이더니 이제는 아스파트 길로 변했다. 전에는 차도 안 다녔는데 지금은 차도 다닌다. 표지판에는 아예 자전거, 사람(농부), 차가 사이좋게 서 있는 그림이 그려져 있다.

이 길 끝까지 가면 광양 바다에 닿고 남원의 계곡으로도 이어지지만 나는 곡성 이상을 벗어나 본 적이 없다. 대개 압록역에서 곡성역까지, 아니면 그 반대로 걷다가 지치면 이내 되돌아오곤 했다.

폭염 중에 잠깐 차로 지나오며 보았던 섬진강은 거의 바닥을 드러내고 있었다. 바닥이 드러난 강은 아무리 좋게 보려 해도 좋게 보기 어렵다. 곳곳에 더럽게 끼인 이끼와 말라붙은 수초, 쓰레기, 진흙 같은 오염물투성이라 별로 강같이 보이지 않았다. 하지만 폭우가 몰아치니 금세 물이 불었다. 금방 건너온 다리가 잠겨서 온 길로 되돌아갈 수 없을 정도였다.

폭우는 비록 흙탕물이긴 하지만 강을 바다처럼 만들어 모든 오염물을 일시에 후련하게 씻어 낸다. 태풍이 가져오는 파급 효과를, 흔히 잘 쓰는 계산법으로 하면 몇십조 원은 되고도 남을 것이다. 이러니 우리에게 큰 피해를 입힐까 걱정하면서도 한바탕 세상을 흔들 태풍이란 녀석을 때로 기다리는지도 모르겠다.

이번에도 비록 스쳐 가는 약한 태풍이었는데 가뭄이 한순간에

해소되었고 섬진강도 냇물에서 강으로 다시 돌아왔다. 그 '큰물진' 강을 따라서 오늘도 압록역에서 곡성역 쪽으로 길을 잡았다. 늘 같은 길이지만 올 때마다 맛이 다르니 강변길은 자주 와도 지루함을 모르겠다.

## 진정한 멀티태스킹, 알락할미새

그곳에서 처음 만난 동물은 자꾸 내 앞을 살짝 앞서가서는 저만치 앉아 깝죽거리는 알락할미새 두 마리였다. 가까이 가려 하면 날아가고 한참 거리를 두고 쳐다보면 착륙하여 먹이 찾는 일에 몰두한다. 마치 내 존재를 무시하는 듯하다. 그래서 내가 또 한 발 가까이 가려 하면 또 획 날아가 저만큼 거리를 유지한다. 진정한 멀티태스킹 능력의 소유자들이다. 그 작은 몸에는 레이더도 없을 텐데 자기 일에 몰두하면서 주변의 모든 움직임을 감시한다. 마치 우리가 컴퓨터 화면을 분할해 쓰듯 특별한 혼란 없이도 그런 통합과 분할 능력이 자연스레 발휘되는 것이다. 그래서 그들은 누가 돌봐주지 않아도 항상 즐겁고 자유로워 보이는 것 같다. 마치 '사는 게 뭐 별거라고, 인간들은 아무 능력도 없으면서 왜 저리 아등바등 살지?' 하는 듯싶다.

알락할미새

## 물 위의 스케이터

걷다 보니 상류에서 내려온 물이 점점 불어나 평소에 다니던 다리가 아예 없어져 버렸다. 섬진강에는 이렇게 동네를 잇는 작은 잠수교가 여러 개 있다. 흔적만 남은 다리 난간에 앉아 잠깐 휴식을 취하고 있는데 새로운 녀석들이 눈에 들어왔다. 역시 사물은 차분히 앉아서 봐야 자세히 보인다. 작은 것일수록 더욱 그렇다. 아인슈타인의 원자 세계까지는 아니라도 우리가 평생 못 보고 끝나는 세계가 우리 주변에도 너무나 많다. 흔히 '흙 한 줌 속의 우주'라고 하는데 정말 흙 한 줌에도 마이크로 우주가 숨어 있다.

지금 물 위에 보이는 것들은 모두 '물 위를 걷는 벌레' 일명 예수벌레라고 부르는 소금쟁이들이다. 외국에서는 물 위의 스케이터(water skater), 예수벌레(jesus bug) 같은 멋진 이름으로 부르건만 우리는 왜 하필 소금쟁이라 할까? 검색해 보니 무거운 소금을 진 소금장수와 생긴 모습이 비슷해서 그런다고도 하고 소금(小禽), 즉 작은 새라는 말에서 유래되었다고도 하는데 그래도 영어 표현보다는 못한 것 같다.

영미권 사람들은 대체로 이름에 추상적인 관념보다는 쉬운 합리성을 부여한다. 이런 벌레에게도 알쏭달쏭 수수께끼 같은 이름이 아니라 그냥 보이는 대로 지어 붙인 것이다. 물 위의 스케이터라는 영어 이름처럼 그들은 물 위를 화살처럼 달려간다. 1초에 자기 몸길이의 100배를 이동한다고 한다. 다리는 세 개 있는데 짧은 앞발은 사냥하는 데 주로 쓰고, 몸길이의 두 배가량 되는 가운뎃다리와 뒷다리가 물 위를 걷는 주된 역할을 한다. 주로 가운뎃다리로 물을 밀고 뒷다리로 균형을 잡는다.

그들이 물 위를 걷는 비결은 가벼운 몸무게, 긴 다리, 그 다리 끝에 달린 무수한 섬모 그리고 그 섬모에 덮인 기름방울이다. 그 기름이 물에 닿으면 물과 기름의 반발로 인해 자동으로 발 주변에 일정한 공기층이 만들어지고 그것이 튜브처럼 부력을 만든다. 일

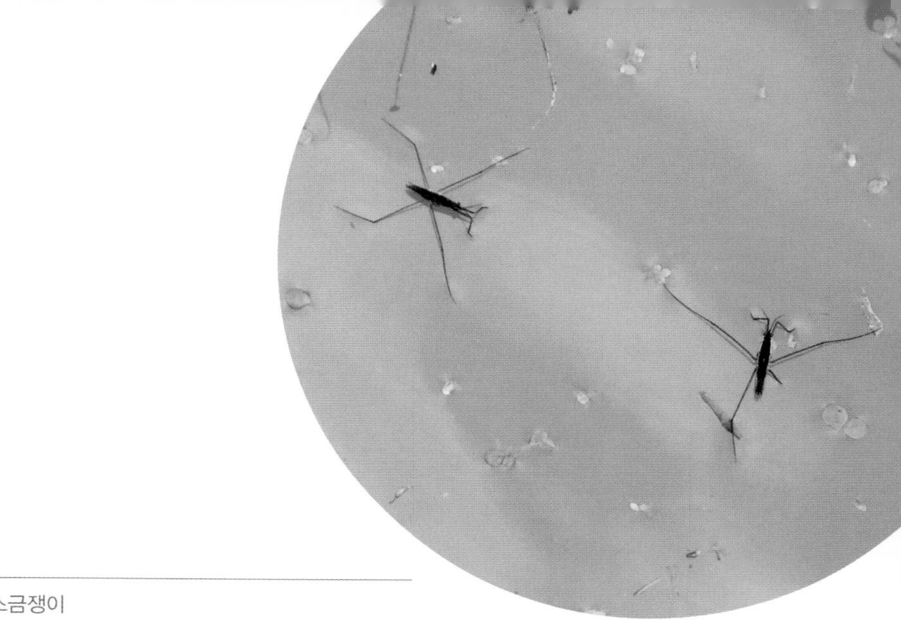

소금쟁이

부러 생각하지 않아도 그들은 태어날 때부터 으레 자기들은 물 위를 걷는 동물임을 안다.

처음에는 단순히 걷거니 생각했는데, 자세히 보니 동에 번쩍 서에 번쩍 모터를 단 것처럼 엄청나게 속도가 빠르다. 좀 큰 것이 암컷인 듯한데 그 주변에 무수한 수컷들이 모여들어 오르락내리락한다. 불어난 물에 맞추어 마치 광란의 카니발이라도 벌이는 듯했다. 이 얼마나 원시적인 아름다움이고 또한 즐거움인가!

평상시 소금쟁이를 시시한 벌레 정도로 보아 왔는데 자세히 들여다보니 여간 신비한 동물이 아니었다. 아무렴 예수란 이름을 아무 벌레에게나 붙였을까? 이 녀석들만 잘 연구하면 우리가 물 위를 걷는 것도 가능할 것 같다. 우리는 왜 무겁고 불편한 배를 타야만 물 위를 건널 수 있을까? 발에 저런 신발을 신으면 우리도 휙휙 다닐 수 있을 텐데. 이런저런 생각이 꼬리에 꼬리를 문다. 엄연히 존재하지만 알지 못했던 존재가, 마치 어린 왕자의 사막여우처럼 폭우 속에서 나에게 다가왔다.

## 찰나의 순간에 만난 수달

이 역시도 폭우 때문일까? 또 엉뚱한 녀석을 하나 보게 되었다. 수달, 야행성이고 좀처럼 사람 눈에 띄지 않는 은밀한 동물. 강 한가운데 조그만 바위에 무언가 움직이는 것이 포착되길래 눈동자를 모아 독수리눈을 만들어 살펴보았더니 수달이었다.

'신기하네!'

그 순간 수달은 난파선에 올라간 조난자처럼 온통 몸이 젖어서 물에 빠진 생쥐처럼 처량해 보였다. 하지만 적당히 한번 몸을 털고 나니 또 금세 미끈한 수달로 돌아왔다. 그렇게 몸매를 다듬은 후에 바로 물속으로 사라져 버렸다. 그 찰나의 순간에 내 눈에 띈 것이다. 섬진강이 뭇 생명을 품고 있으니 여러 개성 있는 녀석들을 이렇게 만난다.

생물은 규정지어 놓으면 그다음 날 바로 예외가 생긴다. 유전 법

칙처럼 이해하기 쉽게 규정짓는 노력도 물론 필요하지만 그 규정은 편리한 안내서 정도로 여기고 다시 새로운 것을 그 위에 올려야 한다. 어떤 생물이 규정에 맞지 않는다고 따진다면, 그건 물리나 화학이지 생물은 아니다. 화학적인 결합이 잘 변하지 않는 굳건한 결합이라면, 생물학적 결합은 무수한 가능성을 내포한 유연한 결합이다. 난 생물학적 결합을 더 믿는 편이다.

이런 폭우 속에서도 역시 사람은 가장 눈에 띄게 활동한다. 물에 뭔가 동동 떠가기에 살펴보니 래프팅을 즐기는 사람들이었다. 큰 물을 만나 좋았는지, 보트에 삼삼오오 아슬아슬하게 매달려 급류를 타고 있었다. 그들의 얼굴에서는 긴장감 같은 것은 전혀 엿보이지 않았다. 갑자기 그들과 합류하고 싶은 욕구가 샘솟았다.

'보는 것보단 체험하는 게 더 즐겁겠지? 부럽다.'

그 뒤를 보니 일엽편주 같은 카누를 타고 따르는 사람이 있었다. 우리나라도 점점 '익스트림'한 나라가 되어 가는 것 같다. 그들은 물 만난 물고기처럼 물에서 파닥이고 있었다. 물 위를 걷는 자 위에 물 위를 나는 자 있다.

3부

# 가을

9

# 밤에만 펼쳐지는 신비한 동식물 사전

9월

바람도 서늘하고 달도 밝기에 뒷산을 오르려고 집을 나섰는데 현관 앞에 사마귀 한 마리가 수문장마냥 떡 버티고 서 있다. 누가 밟을까 봐 조용히 나무 위에 올려 주었다. 보기보다 몸의 감촉은 참 부드러웠다. 사마귀는 생김새도 무섭지만 연가시의 숙주라는 것 때문에 괜히 혐오시되는 불우한 캐릭터이다. 하지만 이 초가을 밤에는 절대 없어서는 안 될, 한밤의 맹렬한 곤충 사냥꾼이자 자연의 조절자이다.

아직 여름의 온기가 남아 있는 초가을 밤은 사마귀에게 짝짓기도 해야 하고, 영양도 보충해야 하고, 알도 낳아야 하는 엄청나게 바쁜 때이다. 사마귀는 봄에서 가을까지, 6개월가량의 짧은 생애 동안 이렇게 단순하면서도 부단한 삶을 보내야 한다.

숫사마귀들은 한 가지 역할이 없는 탓에 암컷보다 훨씬 작게 태어난다. 바로 후손을 낳는 일이다. 그 대신 그들은 후손을 위해 말 그대로 제 한 몸을 바친다. 곤충 중에는 교미 후 그의 짝을 잡아먹음으로써 후세를 위해 영양을 보충하는 '블랙 위도'(black widow, 암컷이 수컷을 잡아먹는 독거미.) 스타일이 꽤 많은데, 사마귀가 바로 그런 족속이다. 수컷들도 이를 두려워하거나 주저하지 않으니 암컷들을 탓할 수만도 없다. 아니, 오히려 수컷들은 의미 없이 죽는 것보다 싸우다 죽는 것을 명예로 아는 바이킹처럼, 그런 죽음을 자랑스러워할지도 모른다.

## 눈이 큰 수리부엉이

산 중턱쯤 가니 소리 없는 검은 그림자 하나가 휙 하고 날아간다. 처음에는 박쥐인 줄 알았는데 이곳에 그렇게 큰 박쥐는 없다.

크기로 보아 수리부엉이일 것이다. 부엉이들은 '밤의 제왕'이란 별명처럼 좀처럼 눈에 띄지 않고 날갯소리조차 거의 내지 않는다.

그 부엉이는 언제나 그 부분에서 그 시간쯤에 날아오른다. 산책할 때마다 여러 번 목격한 일이다. 아마도 그 근방에 살면서 그곳을 사냥 터전으로 삼는 모양이다. 그를 보려고 일부러 길을 조금 우회할 때도 있다. 서로 아는 척도 안 하고 그는 나를 훼방꾼 정도로 여기겠지만 난 순간이라도 그를 보고 싶다. 혹시 누가 아나! 언젠가 내가 지치고 힘들 때 눈이 큰 이 부엉이가 살포시 내 어깨 위로 날아와 잠깐 머물러 줄지.

이 밤은 마치 멧돼지들의 세상인 것 같다. 녀석들은 등산로 주변을 온통 파헤쳐 놓았다. 한두 놈이 한 일이 아니다. 적어도 열 놈 이상은 함께 모여 지나가면서 파헤쳐 놓은 것이다. 지금이 그들에게 무슨 의미가 있는 계절일까? 멧돼지들은 봄여름에 새끼를 낳는다. 가을이면 새끼들이 거의 중돼지 수준으로 성장해서는 그때부터 온 가족이 함께 겨울을 나기 위한 먹이 활동을 시작한다. 지금이 딱 그 시기인 모양이다. 작년에 낳은 새끼들까지 뒤섞여 생활하다가 초겨울쯤 되면 작년 새끼들이 독립한다. 그때까지 함께 모여 미친 듯이 돌아다니나 보다.

이때 농작물들도 가장 많은 피해를 본다. 가을이 농부들에게 수확 철이듯 멧돼지들에게도 똑같이 수확 철이기 때문이다. 이 계절

덕분에 겨우내 멧돼지 가족은 굶주림과 추위와 싸워 이길 힘을 비축한다.

야간 산행을 하면 혹여 멧돼지 떼라도 만날까 하는 두려움도 생기지만 사실 멧돼지보다 마치 뒤에 서 있을 것 같은 귀신이 더 무섭다. 그렇게 소심한 모험을 하고 산을 내려오다가 다시 땅에서 작고 검은 사마귀 녀석을 만났다. 보호색의 일종이건만 이런 회색빛 사마귀들 앞에는 '송장'이란 으스스한 말이 붙곤 한다. '송장 사마귀'라고 불리는 식이다. 사마귀뿐만 아니라 메뚜기 중에도 회색빛 나는 녀석들은 때로 '송장 메뚜기'라 불린다.

아마도 지금 마주친 녀석은 수컷일 것이다. 매우 작아서 사마귀치고는 귀엽다는 느낌마저 들었다. 가련하게도 녀석 또한 한해살이 동물이다. '동물은 스스로를 동정하지 않는다.'라는 말을 최근에 얼핏 들었는데 정말이지 그래야만 저 불꽃같은 짧은 삶을 버틸 수 있을 것이다. 그 말은 깊은 관찰과 사색 속에서 나온 아주 적절한 표현 같다.

## 달빛이 은은하다면

산 아래로 내려오니 가을의 전령사 귀뚜라미가 여름의 전령사 매미와 서로 뜨거운 목소리 경쟁을 벌이는 중이다. 매미 소리가

사마귀

'헤비메탈'이라면 귀뚜라미 소리는 조용한 '발라드'에 가깝다. 그래서 또 가을인가 보다.

동네 산책길인 마로니에길은 늘 사람 반, 개 반이다. 하루 종일 집 안에 갇혀 있던 개들은 이 밤에 아주 짧은 산책을 하고, 주인은 그것으로 자기의 책무를 다했다고 안심을 한다. 개들은 그 짧은 산책 후에 얼마나 입맛을 다실까? 그래도 또 체념하고는 내일의 산책은 조금 더 길어지기를 바랄 것이다.

원래 개의 조상인 늑대는 방랑 동물이었고 사람은 정착 동물이었다. 지금은 둘의 패턴이 완전히 거꾸로 된 것이다. 많은 개가 똥이 마려워도 주인이 산책시켜 줄 때까지 애써 참는다. 꼭 밖에 나와 똥을 누는 개들은 자기 관리와 인간에 대한 배려가 몸에 밴 품격 있는 종족일지도 모른다.

요즘 비도 많이 오고 습도가 높아서 그런지 예쁜 버섯들이 사방에 피어 있다. 버섯 모양 집도 좋아하고 버섯 요리도 좋아하고 갑자기 피어오르는 버섯의 신비함도 좋아하지만, 여전히 먹는 버섯과 못 먹는 버섯은 전혀 구별을 못 한다. 버섯은 정말 종류가 많고 생김새도 비슷비슷하다. 송이나 능이, 표고 같은 것을 채취하는 어르신들은 평생 그것만 따서 헷갈릴 일이 없겠지만 나같이 이것저것 궁금해만 하다 보면 하나도 모르게 되는 것이다. 마침 이 시기가 능이, 송이의 수확 철이라고 한다. 버섯도 수확 철이 있다는 것을 이번에야 알았다. 자연은 그렇게 평생 배워 가는 것이다.

밤 산책 중에도 눈과 정신이 말짱하고 달빛이 은은하다면 많은 야행성 동물을 볼 수 있다. 시베리아 초원에 갔던 기러기들도 곧 돌아올 터이니 운 좋으면 보름달 사이로 날아오는 기러기 떼의 멋진 V 자 대형도 볼 수 있을 것이다. 답답할 때는 그냥 방에만 있지 말고 한 발만 밖으로 나와 보자. 밤에만 펼쳐지는 신비한 동식물 사전이 우리 주위에 널려 있다.

10

# 잠자리도 호랑나비도 분주한 계절

가을 기운이 온몸으로 느껴지니, 슬슬 밖으로 나갈 욕심으로 몸이 근질근질했다. 올해의 첫 가을 같은 날을 맞아 길벗에게 반가이 문자 메시지를 보냈다.

"내일 시간 되면 어디 좀 걸어 볼까?"

친구는 한참 뜸을 들이다 이런 제안을 한다.

"그래. 가볍게 나주의 드들강변 어때?"

대답이 좀 싱겁긴 하지만 확실한 의견을 가진 친구라 괜찮다. 그렇게 가을에 시동을 걸었다.

"근데 드들강은 왜 드들강이지? 이름이 참 특이하지 않아?"

그러고 보니 유년기부터 지금까지 시시때때로 드들강을 찾았건만 한 번도 이름에 의문을 가져 본 적이 없다. 사실 그동안 제대로 된 이름을 부르지도 않은 것 같다. 대충 '디딜강' 하고 부르면 누구나 알아들었다.

강변에 있는 송림주차장에 차를 세우고 보니 그곳에 드들강을 소개하는 안내판이 있었다. 그런데 드들강에 얽힌 전설을 읽고 나니 괜히 알았다는 생각이 들었다. 강이 자주 범람하여 강둑을 쌓았는데 그 강둑이 자꾸 무너져서 결국 처녀 '디딜'을 제물로 바쳤고 그 뒤에야 범람이 멈추었다는 비극적인 이야기가 쓰여 있다. 인당수에 몸을 던진 심청이가 여기 또 있었다. 그런데 이렇게 깊이가 30센티미터도 안 될 것 같은 강에 사람 제물이라니? 믿을 수 없는 이야기였지만 아무튼 그런 전설이 대대로 전해 내려오고 있다. 큰물이 지면 '드들 드들' 소리를 내며 물이 흐른다고도 한다.

그래도 안내판을 본 덕에 한 가지 더 반가운 사실을 발견했다. 김소월의 시에 곡을 붙인 노래 「엄마야 누나야」의 작곡가가 이곳 나주시 남평 출신이란다. 강만 만나면 절로 나오던 그 노래가 바로 이 드들강과 관계있었던 것이다. 작곡가는 소월의 시를 보면서 자신이 나고 자란 드들강을 떠올렸던 걸까? 나도 다시 한번 살며시 불러 보았다.

엄마야 누나야 강변 살자.
뜰에는 반짝이는 금모래 빛,

뒷문 밖에는 갈잎의 노래,
엄마야 누나야 강변 살자.

## 발이 노란 쇠백로

그렇게 우리 둘은 가을 속으로 나아갔다. 미세 먼지가 없어 그런지 가을볕이 별나게 따갑게 느껴졌다. 그래도 가을볕이니 봄볕보다는 나을지도 모르겠다. 가을에는 아무리 더워도 그늘에만 들어가면 시원하니 견딜 만하다. 그만큼 습도가 높지 않고 청량하다는 뜻이기도 하겠다. 걷고만 있어도 느껴지는 무더움과 시원함의 '콜라보'가 매우 즐거웠다.

강변에는 낚시꾼이 많았다. 나 역시 물고기와 씨름 한판 하고픈 욕구가 없진 않지만 생명을 함부로 해하는 일은 하고 싶지 않기에 그저 그들을 멀리서 바라보며 대리 만족을 할 뿐이다. 낚시꾼들의 머리 위에서는 진정한 프로 낚시꾼인 백로와 왜가리 들이 우아한 자태를 뽐내며 유유히 날고 있었다. 발이 노랗고 몸집이 아담한 쇠백로 세 마리가 물 위에서 날아오르기에 "어쩜 저리 깨끗할까?" 했더니 갑자기 친구가 이런 시를 읊는다.

"까마귀 노는 골에 백로야 가지 마라. 겉 희고 속 검은 이는 너뿐인가 하노라."

그럴듯한데 어딘가 이상하다. 검색해 보니 역시 두 편의 시가 뒤섞인 것이었다.

까마귀 싸우는 골에 백로야 가지 마라
성낸 까마귀들이 너의 흰빛을 시샘하나니
맑은 물에 깨끗이 씻은 몸을 더럽힐까 하노라
(정몽주의 어머니 이씨 부인)

까마귀 검다 하고 백로야 웃지 마라
겉이 검은들 속조차 검을쏘냐
겉 희고 속 검은 것은 너뿐인가 하노라
(이직)

두 시에서 까마귀와 백로는 각각 좋았다가 나빴다가 한다. 누가 정권을 잡느냐에 따라 좋은 놈도 되고 나쁜 놈도 되는 것이다. 흔들리는 것은 까마귀와 백로가 아니라 인간의 마음일 뿐이다.

## 가을은 분주한 계절

가을 길을 여러 번 걷다 보니 드는 느낌이 하나 있다. 가을날에

왼쪽, 가운데 • 곳곳에서 만난 메뚜기들.
오른쪽 • 물잠자리

는 동물들이 매우 서두른다는 것이다. 오늘도 마찬가지였다. 메뚜기 떼가 짝짓기를 하려고 정신없이 뛰어다니는 통에 우리가 가는 내내 몸에까지 부딪혀 왔다. 큰 녀석은 암컷이고 작은 녀석이 수컷이다. 이 계절, 암컷은 될 수 있는 한 여러 마리의 수컷과 짝짓기를 해서 알을 낳고 마지막 생을 활활 불태우려 한다. 그들에게 아쉬움이나 회한 같은 건 사치인가? 마치 '카르페 디엠!' '내일은 없다. 오늘에 최선을 다하자.' 하는 것 같다.

거미들도 배수구나 나뭇가지 같은, 양쪽 지지대가 있는 틈이라면 어디에든 마치 전신줄처럼 간격을 유지하며 거미줄을 늘어놓았다. 다른 벌레들이 모두 분주한 만큼 사냥 확률도 높아서이다. 말 그대로 지금이 한창 '대목'인 것이다. 그러다 가끔 커다란 고추잠자리를 '득템'하기도 한다.

왼쪽 • 거미
오른쪽 • 호랑나비

잠자리들은 대부분 짝을 찾아 분주히 가을 하늘 속을 헤매는데 어느 순간 기력을 다해 추락하면 다시는 날아오를 수 없다. 불쌍한 그들을 아무리 풀 위에 올려놓아도 이미 생의 끝자락에 놓인 그들이 되살아나는 기적은 일어나지 않는다. 그저 좋은 장소에서 조용히 삶을 마감하기를 기원할 뿐이다.

호랑나비들 역시 방한잎(배초향)이나 익모초 같은 보라색 꽃꿀을 찾아 분주히 날개를 움직이고 있다. 한 꽃에 여러 종류의 예쁜 호랑나비가 어울리는 일도 흔한 일이다. 이 계절이 아니면 보기 드문 아름다운 무대이다. 비록 꽃이 아름답다 해도 벌, 나비가 없으면 무슨 소용이랴! 봄여름이 톡 쏘는 벌 같은 계절이었다면 바야흐로 가을은 나비의 날갯짓만큼이나 평화롭고 부드러운 계절이다.

그러나 분주한 만큼이나 조락도 사방에서 발견된다. 가을에는 낙엽만 지는 것이 아니다. 오늘도 풍뎅이, 지네, 개구리 한 마리가 죽어 있는 것이 보인다. 그들에게는 으레 장의사가 따라붙는다. 곤충은 곤충이 처리한다. 아직 빨아먹을 즙이 있다면 나방과 벌이 와서 알뜰히 챙기고 나머지는 개미들이 해치운다. 개미들은 작은 만큼 알뜰살뜰 먹을 것을 챙기기 때문에 버리는 것이 거의 없다. 유기물이라면 무엇이든 환영인 셈이다. 거리를 오래 걷다 보면 가장 밑바닥에서 지구를 깨끗하게 유지해 주는 개미들에게 늘 감사할 수밖에 없다.

## 음표 같은 제비들

동네 어귀에 접어드니 제비들이 마치 음표처럼 리드미컬한 모습으로 나란히 전깃줄에 모여 앉아 있다. 그대로 피아노 연주를 하면 '반짝반짝 작은 별'로 시작하는 노래가 나올 것만 같다.

"여름내 가족 단위로 살던 제비들이 저렇게 무리를 짓는 건 바야흐로 강남으로 여행을 떠날 때가 됐음을 알리는 거야. 군인들이

제비

출전하기 전에 연병장에 모여 훈시도 듣고 사기도 다지고 하는 것과 비슷해. 경험자와 비경험자, 젊은이와 노인이 그렇게 얽혀서 한꺼번에 이주하니까 낙오자도 거의 없지. 이른바 집단 지성, 혼자는 약하지만 무리는 강한 거지."

친구가 묻지도 않은 질문에 대한 대답을 열심히 늘어놓았다. 유목민들에게는 피가 되고 살이 되겠지만 지금 사람들에게는 아무런 소용이 없음을 잘 알면서도.

시골 길을 걷다 보면 200세를 훌쩍 넘은 팽나무, 느티나무 같은 커다란 당산 고목들을 많이 만난다. 만나면 왜 그리 정감 있고 아름답고 시원하고 푸근한지 모르겠다. 늘 그 아래에서 도시락도 먹고 음료수도 마시고 커피도 마신다. 어느 커피숍도 이보다 더 좋은 곳은 없다.

최후의 발악인 양 말매미 한 마리가 앙앙앙 울고 있다.

'매미야, 넌 삶의 이유를 찾았니? 그러지 못하고 낙엽처럼 사그라드는 게 그저 서러워서 우는 거니?'

온몸으로 울고 있는 그에게 작은 석별을 고해 보았다.

11

# 밤과 도토리는 동물의 성찬

추석을 앞두고 완연한 가을이 되었다. 정말 큰 절기는 속일 수 없는 모양이다. 이 예측 불허의 이상 기후에도 올 것은 꾸준히 오고 있다. 봄, 여름, 가을, 겨울 같은 것들. 요즘 같아서는 언제 빙하기가 닥칠지 걱정이 될 지경이라 이 절기의 변화가 축복처럼 반갑다.

길 위에서 계절의 변화를 가장 실감하는 건, 좀 추접스럽지만 겨드랑이에 나는 땀이다. 한여름에는 5분만 걸어도 땀에 절어 찌들었던 탓이다. 오늘은 꽤 걸었는데도 땀이 거의 나지 않는다. 오히려 시원하고 꿋꿋한 바람이 겨드랑이 사이를 기분 좋게 간지럽힌다. 씩씩하게 걸어도 찜찜하지 않으니 마치 날아갈 듯한 기분이 되었다.

처음으로 경상남도 하동이란 데를 가 보았다. 맨 처음 눈에 들어

하동호. 하동댐과 함께 만들어진 인공 호수이다.

오는 건 섬진강 하구의 하동포구였다. 섬진강에 큰 배가 있는 건 거기서 처음 보았는데, 마치 바닷가처럼 모래도 쌓여 있었다. 이것이 말로만 듣던 강 하구 삼각주인가? 그 물 위에는 운치 있게도 오래된 편도 기차 다리가 있는데 마치 영화 「박하사탕」의 배경으로 나오는 오래되고 정겨운 기차 다리 같아 감회가 남달랐다.

하동호에 도착했다. 지리산에는 댐이 몇 개 있는데 이곳 하동호의 댐도 인공적으로 만들어진 댐으로, 갇힌 호수이다. 안내판을 보면 수력 발전도 한다는데 그래서인지 어마어마하게 큰 파이프들이 마치 거인의 파이프 오르간처럼 누워 있다. 인간은 거대한 호수를 만들어 한 마을의 역사와 모든 것을 물속에 잠기게 하고는 '망향단'이란 그럴싸한 것도 세워 놓았다. 그렇게 만들어진 호수들은 당장은 유용하게 쓰이겠지만 원래 흐르던 강은 말라붙어 강 같지 않게 된다. 그 덕분에 치수는 될지 몰라도 물이 썩고 강이 죽고 있다. 인간이 자연을 지배하려는 건 너무나 과한 욕심이다. 예상치 못한 부작용은 반드시 따르게 마련이다.

## 작은 꽃이 큼지막한 밤톨이 되어

이번 길은 호수를 빙 돌아 산으로 오르는 코스였다. 호숫가에는 나무 데크가 잘 만들어져 있어 호젓하게 걷기에 그지없이 좋았다. 가을 과일 하면 역시 밤이다. 여름내 오묘한 냄새를 풍기며 꿀벌들의 거룩한 먹이가 되어 주던 밤꽃은 가을에 비로소 밤으로 결실을 맺는다. 그 작고 연한 꽃이 이리 큼직하고 단단한 밤으로 돌아오다니 자연은 참으로 위대하고도 경이롭다. 예전에 궁금해서 찾아본 것이 있어 인문학적인 길벗에게 문제를 내 봤다.

"밤은 어떻게 번식하게?"

"꽃으로!"

"아니, 그 꽃이 어떻게 되냐고?"

길에 떨어진 도토리.

“열매.”

“열매가 뭔데?”

“밤!”

“그 밤이 어떻게 되게?”

“글쎄, 먹어만 봐서.”

“밤이 땅에 떨어지면 그 날카로운 부분에서 싹이 터서 밤나무가 돼. 그러고도 밤나무는 한참 동안 단단한 밤 껍질을 옆에 달고 있지. 그래서 밤이 근본을 아는 열매라 해서 예전부터 제사상에 꼭 올리는 필수품이 되었대.”

“밤을 먹기만 했지 이게 밤나무 한 그루를 품고 있는 줄은 미처 몰랐네.”

사람들이 밤을 잘 줍지 않는 모양이다. 길거리에 튼실한 밤톨이 여러 개 오지게 떨어져 있었다. 오랜만에 이빨로 껍질을 까서 노란 생밤을 먹었더니 훌륭한 간식거리가 되었다.

요즘에는 내가 일하고 있는 동물원에서도 밤을 줍는다. 나도 먹고 원숭이와 곰 들에게도 나누어 먹이고 있다. 이런 선물은 밤 추락이 그칠 때까지 계속된다. 원숭이들은 반가운 손님을 기다리듯 나를 기다린다. 그리고 내 호주머니에서 밤이 나오는 순간 기뻐서 어쩔 줄을 모른다. 밤을 주는 기쁨이 먹는 그들의 기쁨 못지않다.

원숭이들은 밤을 받으면 내피까지 깨끗하게 벗겨 낸 다음 고소한 알맹이만 우두둑 깨물어 먹는다. 이국에서 온 작은 원숭이들은 밤을 처음 보았을 텐데, 그런 기술을 어디서 배웠을까? 아프리카나 아마존에도 밤나무가 있는 모양인지 그곳에서 온 원숭이들도 살짝 냄새만 맡아도 밤 맛을 귀신같이 알고 좋아한다. 먹을 수 있는 것은 그들에게 냄새부터 다른가 보다. 우리는 경험으로 먹기를 배우지만 그들은 감각으로 배우니 식중독 위험도 훨씬 낮고 더 과학적이라고 할 수 있다.

## 미안하다, 모기야

호수 길을 돌아 산길로 접어들었다. 갑자기 산길이 나타나니 다리에 힘이 팍 들어가고 입에서 한숨이 절로 나왔다. 그래도 확실히 여름보다는 가을이 걷기에 부담이 없다. 여름보다 두세 시간 더 길에서 머무를 수도 있겠다. 단지 이 짧은 가을이 아쉬울 뿐이다.

그런데 이 산은 꼭 어디 탑에나 오르는 듯 계속 돌면서 올라야 하는 데다 도무지 끝이 안 보였다. 오늘은 무리하지 않기로 작정한 날이다. 길벗이 얼마 전에 다리를 삐어서 상태가 안 좋기 때문이다. 그런데 하필 골라도 이런 고난이도 코스를 골랐을까? 내 의문에 답하듯 길벗이 씩 웃으며 말한다.

"원래 반대 길로 가야 했어. 그곳이 난이도 '하'였거든. 그런데 경치에 취해 이 길로 접어든 거야. 그래도 처음엔 꽃길만 걷고 좋았잖아."

중간쯤 올라가다 물 근처에서 점심을 먹고 내려가기로 결정했다. 점점 물소리가 가까이 들려오는 것을 보니 물이 근처에 있는 것 같았다. 그러나 삼십 분을 더 올라가서야 물가가 나왔다. 누군가 아프면 출발부터 모든 것이 힘들어진다. 똑같은 길이라도 아플 때 가는 길, 건강할 때 가는 길이 다 다르다.

이따금 모기가 날아든다. 가을 모기는 여름 모기보다 훨씬 세고 지독하다. 생의 마지막 남은 힘을 모두 쥐어짜는 것 같다. 때로는 녀석들이 피를 탐하여 물기보다 그저 분풀이 대상을 찾는 것만 같다. 그들에게는 목숨이 달린 일이니 탓할 것은 아니지만 그래도 나를 무는 놈들을 보면 전의가 활활 타오른다. 유독 모기에 잘 물리는 내 체질적 특징도 작용한다. 그들도 분명 생명의 가치를 가진 동물이건만 감히 자연주의자를 자처하는 나로서도 모기는 도저히 동등하게 받아들일 수가 없다. '너를 죽이지 않으면 내가 죽는다.' 그런 마음가짐이 생긴다. 미안하다, 모기야! 만일 모기마저 사랑하는 사람이 있다면 그를 정말 존경할 것이다.

## 블랙의 품격, 까마귀

까마귀 소리가 제법 구성지게 들린다. 이유는 잘 모르겠지만 전라도의 경계를 넘으면 유독 까마귀가 많아진다. 특히 하동호 근처에는 아주 큰 까마귀들이 많았다. 까마귀는 언제 봐도 여유 있고 품위 있는 새이다. 몸에서도 블랙 정장의 세련됨이 물씬 풍긴다. 판다같이 흰색과 검은색이 섞인 까치가 조금 더 화려하긴 하지만 블랙의 품격에는 감히 까마귀를 따라갈 수 없다. 요즘은 산까치며 물까치며 어디서나 까치들이 흔해서인지 오히려 이런 귀한 까마귀들에 부쩍 마음이 간다. 왠지 까마귀들이 더 속 깊은 것 같고, 고귀하고 귀족적인 풍모도 엿보인다. 자존심을 지키고 사는 고고한 새처럼 느껴진다. 단지 목소리가 좀 품격에 반할 뿐이다. 그래서 또한 미움을 받기도 한다.

밤과 도토리는 모두 동물을 위한 성찬이다. 도토리는 겨울잠을 자는 다람쥐가 겨울을 나기 위한 구호식이다. 밤 또한 겨울잠 자는 곰을 살찌우는 귀한 영양식이다. 밤과 도토리가 없으면 동물들은 겨울잠을 청할 수 없어 추운 겨울을 뜬눈으로 보내야 한다. 그래서

까마귀들

가을은 겨울잠 자는 동물들에게는 정말 부지런해야 할 계절이다. 곧 겨울이 올 것이다. 11월 전까지 땅속의 식량 창고와 자기 몸을 지방으로 꽉 채워 놓아야 마음 놓고 잠을 잘 수 있다.

겨울의 긴 잠은 곰과 다람쥐에게 필수 보약이자 생명력이다. 겨울잠을 끝내면 마치 리셋되듯 다시 새로운 인생이 시작된다. 겨울잠은 기억 상실증처럼 과거의 메모리까지도 지워 줄까? 그건 모르겠다. 하지만 죽음과 같은 긴 겨울잠은 모든 것을 확실히 바꿔 놓을 것이다.

다람쥐

곰은 식량을 먹어서 몸에 보관한다. 흔히 배를 채운다고 하는데, 너무 채우면 사람은 쉽게 배탈이 나지만 곰은 아무리 먹어도 끄떡없다. 곰은 가을이 되면 닥치는 대로 먹느라 몸이 평소의 두세 배로 불어나는데, 절대 비만이 아니다. 먹어 놓은 것들은 겨울에 온전히 식량으로 환원되니, 곰의 배는 일종의 몸속 식량 창고인 셈이다. 몸에 식량을 비축하는 것이 가능하다니 곰은 정말 대단하지 않은가? 자연을 자세히 들여다보면 무엇 하나 대단하지 않은 것이 없다. 또 그렇게 대단하지 않으면 자연에서 살아나갈 수가 없다.

다람쥐 한 마리가 도토리를 하나 들고 냠냠 먹고 있다가 우리를 보고는 소리 없이 도망친다. 제 딴에는 은밀히 움직인다 할 테지만 우리는 다 보고 있었다. 우리도 오늘은 길에서 간간이 주워 모은 밤을 식사 후 디저트로 삶아 먹는 호사를 누렸다. 천연의 밤을 먹고 있자니 우리가 마치 야생의 다람쥐와 곰이 된 양 자연스레 행복해졌다.

12

# 족제비가 낮에도 돌아다니네

10월

광주에서 남원시 인월까지 친구와 함께 가는 동안 처음부터 끝까지 동물 이야기만 했다. 고속 도로에 생태 울타리가 보이면서부터였다.

"그래, 미관상 좀 예쁘지 않더라도 저런 식으로 확실하게 울타리를 쳐 줘야 생태 통로로도 자연스럽게 유도되고 '로드킬'도 방지할 수 있어. 저기 봐! 버드 스트라이크(새 충돌)를 방지하려고 방음벽도 유리창이 거의 없이 낮게 설치했잖아. 이렇게 한 군데에만 잘해 놓아도 나중에 전 국토로 확산될 수 있어. 어디든 모범적인 모델이 있어야 따라 하는 거지. 이곳 광주대구고속도로 지리산 구간을 모방해서 다른 곳들도 이렇게 만들면 좋겠어. 그저 형식적으로 만들지 말고 말이야."

"가벼운 말도 아닌데 요즘 '살인'이란 말이 동물 이름 앞에 너무 많이 붙는 건 좀 문제야. 조금만 사람에게 위험하다 싶으면 살인 멧돼지니 살인 개미니 살인 진드기니 하는 식으로 이름을 붙이잖아. 온통 살인마가 득실거리니 외국인들이 보면 우리나라가 무시무시한 곳인 줄 알겠어. 인간과 동물이 공존하려면 서로 부딪치는 문제들이 많은데 결국 인간이 조금씩 양보하는 수밖에 없어. 공존 자체를 거부한다면 결국 전쟁인데, 지구의 이웃과 벌이는 전쟁의 결말이야, 뭐 뻔하지 않겠어? 공멸!"

이런 이야기들을 하다 보니 어느새 인월면에 도착해 있었다. 오늘의 목적지는 지리산 둘레길 탐방 초소. 이곳은 여러 자료를 모을 수 있는 둘레길의 안내 센터 같은 곳이다.

## 오리가 냇가에 둥둥

출발하자마자 마주친 동물은 방목 소였다. 다리 밑 물가에 매여 있었다. 부지런한 농부님이 아침마다 소를 염소처럼 매어 놓고 가나 보다. 저 소들은 그래도 다른 소에 비해 행복하겠다는 생각이 들면서도 염려가 되었다. 일단 소참진드기가 가장 마음에 걸린다. 물가에는 특히 진드기들이 많은데 만일 진드기가 '쯔쯔가무시' 열병이나 중증혈소판감소증후군 바이러스 같은 것을 가지고 있기라

물가에 매 놓은 소.

도 하면 소에게 무척 위험할 것이다. '바베시아'라고 부르는, 적혈구를 파괴하는 원충성 질병도 진드기가 옮기는 것으로 유명하다.

냇가에는 넓적부리오리로 보이는 오리 암컷이 유유히 떠다니고 있다. 텃새화된 오리인 흰뺨검둥오리가 아니라 넓적부리오리라서 조금 놀랐다. 저 멀리 푸른 하늘을 날고 있는 삼각 편대의 오리류가 필시 이들 무리이리라. 겨울의 전령사처럼 일찍 도착한 철새들이다.

우리나라에는 겨울 철새로 가창오리를 비롯해 50종이 넘는 다양한 오리가 온다. 하지만 사람들은 오리 하면 청둥오리 정도만 기억한다. 신문에도 여름에 야생 오리 새끼가 발견됐다는 기사가 종종 뜨는데 그때도 기자들이 흰뺨검둥오리를 청둥오리라고 잘못 쓰는 경우가 많다.

## 차량 사고보다 많은 혐오 사고

시멘트 포장도로가 있어 걷기는 좋았지만 동물들이 '로드킬'을 당하지 않을까 염려가 되었다. 특히 요즘에는 겨울잠에 들어가기 전, 영양 보충을 위해 길가로 꽃뱀들이 많이 나오는데 이들이 일차 희생양이 되기 쉽다. 그래도 차량 사고보다는 '혐오 사고'가 많은 것 같다. 길에서 죽은 꽃뱀 한 마리를 발견했는데, 큰 외상은 없고 끝이 말린 것을 보니 사람들에게 목을 졸리거나 해서 희생당한 것 같았다. 사람

꽃뱀

들은 뱀을 보면 대개 놀라고 피하지만, 개중에는 굳이 의협심에 불타서 꼭 뱀을 죽이고야 마는 사람도 있다. 뱀은 생각보다 약한 동물임을 사람들은 잘 모른다. 이런 가을께에는 한창 독이 올라 있어 될 수 있으면 피해야 하긴 한다. 하지만 뱀 역시 몇 마리 남지 않은, 생태계의 귀한 포식자이니 보호할 필요가 있다.

## 집이 없는 민달팽이들

질푸른 호박이 군데군데 널려 있고 주홍빛 감이 유난히 예쁜 마을 길 위에서 작고 초라한 고양이 새끼 한 마리가 일광욕을 즐기고 있었다. 살짝 아는 체를 하려니 어미가 야생인 듯 새끼도 화들짝 놀라 달아난다. 도시의 친근한 '길고양이'들하곤 확실히 야생성이 다르다.

요즘은 고구마와, 이곳 특용 작물인 레드비트 수확 철인가 보다. 그래서 멧돼지들이 유난히 극성을 부린다. 산골 마을에서는 멧돼지들과 한판 전쟁을 치러야 한다. 담을 쌓거나 임시로 간이 천막 울타리를 만들기도 하고 좀 더 이른 시기에 고구마를 캐기도 한다. 멧돼지들에 여유롭게 대처하는 산골 사람들의 지혜다.

둘레길 곳곳에도 멧돼지들이 뒹굴거나 파헤친 흔적들이 특유의 가위 모양 발자국과 함께 여기저기서 발견된다. 제발 녀석들이 자기들이 생태계 최상위 포식자임을 인식하고 육식 동물화되지 않기를 바랄 뿐이다. 이미 섬 몇 곳에서는 멧돼지가 염소를 잡아먹는 등 육식화할 가능성이 보이고 또 조건이 충분하기도 하다. 단지 그들이 아직 스스로 초식성 동물이라 생각할 뿐이다.

산속 그늘진 오솔길 한가운데 끈적끈적한 민달팽이 한 마리가 미동도 없이 자리를 차지하고 있다. 집도 없는 것들이 어쩜 그렇게 무방비 상태로 있는 걸까? 물론 대부분의 동물은 이 녀석을 보고 입맛을 다시지는 않는다. 그래도 벌거벗은 채 길거리로 내몰린 모양이 안쓰럽다. 그들이 좀 더 빠릿빠릿하게 움직이고, 더 어두운 곳에서 몸을 숨겨 살았으면 좋겠다.

그러나 다시 생각하면 사실 침입자는 우리이다. 그들은 단지 일광욕하기 좋은 장소를 택한 것일 뿐. 때로는 사람이 만든 길이 동물들에게 기막히게 안성맞춤인 도로 겸 휴식처가 되기도 한다. 간혹 지나가는 사람들만 잘 피하며 산다면.

## 긴발거미의 긴 다리가 부러워

시원한 계곡 옆에서 점심을 먹는데 물이 너무 차가워서인지 가재 같은 것은 보이지 않았다. 그 대신 긴발거미가 와서 마치 우주 전쟁을 치르는 문어 다리 외계인처럼 성큼성큼 우리 주위를 둘러 본다. 저렇게 긴 다리를 가지면 얼마나 편리할까? 웬만한 높이는 그냥 통과할 듯하다. 긴발거미는 몸이 가볍고 효율적이다. 다리에 비해 몸통은 너무나 작다. 저 작은 속에 내장이나 신경망 같은 정밀 조직이 다 들어가 있다니! 동물들은 정말 효율적인 창조물이다. 생명의 기본은 다 비슷하면서 얼마든지 확대되거나 축소된 종이 나온다.

미리 싸 온 음식으로 점심을 먹고 있는데, 족제비 한 마리가 뒤편에서 내다보고는 쓱 지나간다. 어? 족제비가 낮에도 돌아다니네! 음식 냄새를 맡고 왔다가 사람이 있어 짐짓 모른 척 지나가나 보다. 역시 호랑이가 빠진 산에는 고만고만한 너구리, 삵, 족제비가 영토를 나누어 가지고 있다. 그중에서 족제비 녀석들이 사람들에게는 제일 골칫거리이다. 닭장을 많이 습격하고 필요 이상으로 닭을 죽이기도 하기 때문이다. 대담하고 잔인하며 용감한데 한편 귀엽기도 한 녀석들이다. 그러나 닭들에게는 노란색 자체가 공포일 것이다. 내가 닭이어도 울타리를 서서히 기어들어 오는, 이 허리 긴 녀석들을 보면 정말 끔찍할 거다.

## 닭들에게 흙 목욕을

마을 입구에 500년 묵은 소나무가 철갑을 두른 듯한 위용을 과시하며 서 있다. 같이 간 친구가 보더니 잔솔방울이 많아 오래 못 살 거라고 한다. 이미 오래 살아 여한이야 없겠지만 지금까지도 잘 살아 왔는데 그런 사소한 일로 더 못 살까? 오히려 모든 것을 털어 버리면 또 500년쯤 더 살 수 있지 않을까 상상해 본다. 긴 세월을 살아온 동식물만이 아는 지혜가 있을 것이다.

곁에 누군가가 기원을 담아 쌓아 놓은 돌탑과도 완벽한 조화를 이룬다. 오래된 것은, 살아 있는 것들마저도 골동품 같은 고귀한 향기를 풍긴다. 향기로운 그 품에 꼭 안기고 싶다. 얼마나 많은 이가 찾아와서 이 소나무를 바라보고 그 그늘 아래 앉아 먼 산을 쳐다보며 근심들을 쏟아 냈을까? 이 멋진 소나무 안에는 그것들도 역사처럼 쌓여 있을 것 같다.

마을 입구의 한 전원주택 안에는 닭 10여 마리가 사는 조그만 닭장이 있었다. 그 닭장 안에는 책장처럼 나무로 구획된 '알 집'도 대여섯 개 있다. 바닥도 제법 넓은 흙바닥이라 즐겁게 땅을 파거나 그 안에 들어가 쉬는 닭들도 보였다. 닭들은 흙 목욕을 하고 흙 웅덩이 안에서 조용히 명상에 잠길 때를 가장 좋아한다. 흙은 갖은 오물과 미생물을 씻어 내는 물과 세제 역할을 겸한다. 반면에 몸에 좋은 지방 같은 보습 성분들은 고스란히 보전시킨다.

흙은 늘 고마운 존재다. 우리를 태어나게도 하고 죽은 후 데려가기도 한다. 모든 생명은 흙에서 와서 흙으로 돌아간다. 오늘날의 배터리식 닭장들은 닭들이 그 흔한 흙에조차 못 묻히게 만든 것이다. 그래서 사람은 인과응보처럼 계란에 들었을지 모를 살충제 문제로 골머리를 앓고 있다. 이 기회에 희생양인 닭들에게 흙 목욕 정도는 허락해 주면 어떨까?

지구는 한정되어 있다. 이제는 지속 가능한 미래를 위해 일보 전진보다 일보 후퇴를 할 때가 된 것 같다.

13

# 괭이갈매기들의 섬을 찾아서

10월

새만금. 천금, 만금이나 되는 땅. 어디가 바다이고 어디가 육지인지 모를 황무지 땅. 하지만 아직도 개발은 요원한 것 같다. 그래도 길이 잘 닦여 있어 신시도, 무녀도, 선유도, 장자도가 섬에서 육지가 되었다.

선유(仙遊)도란 신선이 노는 땅이란 뜻일까? 사람들도 많이 놀러가고, 차로 가기에 비교적 가까운 군산에 있길래 친구를 꼬드겼다.

"이번엔 가을 바다 한번 가 볼까? 거기 둘레길도 있던데."

얼마 전에 이 친구랑 대만을 다녀온 터라 아직 여독이 남아 있는 상태이다. 나중에 갈까 하는 마음도 들었지만 시간이 날 때 그냥 가는 것이 좋겠다고 생각했다. 어디든 어떻게든 일단 가면 좋다.

차로 달리는 길은 참 시원했다. 새만금은 새하얀 도화지 같은 곳이어서 현재는 그저 아름답게만 보인다. 모든 거대한 것이 그런 것처럼. 하지만 어디가 끝이고 어디가 시작인지는 잘 모르겠다. 간척사업 중에서도 규모가 꽤 클 것 같은 이곳 새만금은 몇십 년째 그대로인 것 같다. 고 스티브 잡스가 지금의 창조란 있는 것을 융합하는 것이라고 말할 정도로 현대는 기술의 정점, 발전의 정점에 올라 있다는데, 새만금 역시 개발의 정점에 올라타서 그 피해를 고스란히 보는 모양이다. 아파트, 공장, 농장도 더 이상 크게 필요치 않은데 도대체 이 너른 땅에서 무엇을 새로 시작해야 할지 현명하고 지혜로운 판단만 남은 상태다.

## 가마우지 없는 가마우지섬

그렇게 새만금 길을 달려 맨 처음 본 섬이 무녀도였다. 무녀도, 김동리의 소설 제목과 같은 섬이다. 물론 뜻은 조금 다르다지만, 소설 제목과 같은 이름의 섬이 진짜 있다는 것이 어딘가 신비로웠다. 길의 끝에는 선유도가 있다. 선유도를 보니 베트남의 하롱베이가 떠오른다. 하롱베이는 바다 한가운데에 커다랗고 푸른 바위섬들이 점점이 떠 있어 무척 몽환적인데, 이곳 선유도 역시 마이산같이 생긴 큰 바위산들이 섬의 중심을 이루고 있다. 새삼 우리 땅이 자연의 역사도, 인간의 역사도 무척이나 오래된 땅이라는 점이 실감 났다. 국토에 대한 애정이 절로 솟는다.

풍경이 멋져서인지 선유도는 사람의 물결로 인산인해였다. 눈을 바깥으로 돌려 보면 넓디넓은 망망대해가 펼쳐지지만 다시 가까운 현실을 바라보면 차량, 터널, 도로, 집라인, 소음, 가게, 오토바이, 헤비메탈 사운드 등등 난리도 이런 난리가 없다.

자연이 넓다는 것은, 이런 잠깐의 소란스러움만 벗어나면 여유로운 자연의 공간이 펼쳐진다는 것이다. 장자도의 절반을 차지하는 큰 바위산인 대장봉에 올라섰더니 눈앞에 가마우지 없는 가마우지섬이 보인다. 고군산 군도라는 이름처럼 바다 위에 섬들이 군대처럼 겹겹이 정렬해 있었다. 군도, 열도, 북회귀선 같은 말들은 누가 생각해 냈는지 모르지만 왠지 설레는 모험이 펼쳐질 것 같은 느낌이 들어 아련하고 아름다워 보인다.

## 유명을 달리한 고라니

선유도 입구에 있는 도로 가운데에서 빨간 핏자국과 함께 버려진 온전한 고라니 사체를 보았다. 차로 지나쳐 오느라 잠깐밖에 보지 못했지만, 고라니의 툭 튀어나온 송곳니와 부릅뜬 눈이 뇌리에 콱 박혔다. 찰나의 일인데 그런 건 왜 그렇게 선명하게 보이는 건지. 차에 퉁 치인 뒤, 고라니는 곧장 유명을 달리했을 것이다. 이렇게 좋은 길이 나지 않았다면 일어날 수 없는 일이다. 길은 역마살이 낀 사람들에게는 실크로드지만, 그런 길이 필요 없는 터줏대감 동물들에게는 때로 죽음의 블랙 로드가 된다.

소음은 차단하되 경치는 보라고 투명한 유리로 만든 방음벽도 비슷하다. 이런 방음벽은 새들 앞에 놓인, 신호등 없는 죽음의 길이다. 앞만 보고 나는 새들은 방음벽에 부딪히면 그대로 거꾸러진다. 단순하게 생각해야 살아남는 야생 동물들에게, 복잡하게 생각해야 살아남는 사람들이 만든 구조물들은 많은 경우 죽음의 덫이 된다. 그들에게 인간은 어떻게 비칠까?

대장봉 바위산에 올라 할매바위를 바라보았다. 명소에는 전설 하나쯤은 반드시 있다. 이곳에는 남편이 예쁜 계집종을 데리고 나타나자, 종을 첩으로 착각하고는 서러운 마음에 등을 돌리고 돌이 되어 버린 여자의 전설이 우뚝 서 있다. 꼭 그 모양 그대로이다.

'해를 먹는' 가마우지섬도 지형이 특이하다. 선유도 해수욕장에서 바라보는 섬은 마치 임신한 여자가 누워 있는 모양과 비슷하다. 그리고 입을 살짝 벌리고 있다. 일몰 때 운 좋으면 해는 그 입으로 쏙 빨려 들어가는데, 그 장면을 보면 해의 기운을 입어 귀한 아기를 갖는단다. 기막힌 스토리텔링이다. 날씨만 좋다면 카메라 각도를 달리하여 얼마든지 해를 먹는 섬을 찍을 수 있다. 이 섬을 얼마나 사랑했으면 이런 아름다운 풍경을 발견해 냈을까? 그런 무명씨들이 고장의 영웅이다.

갈매기 떼

## 눈이 좋은 새들

선유도에는 유난히 갈매기가 많았다. 사람이 오니 먹을 것이 풍부해져서 갈매기도 많아진 것이다. 크고 몸이 하얀 갈매기들은 대개 재갈매기 아니면 괭이갈매기들이다. 이곳은 괭이갈매기들의 섬이었다. 괭이갈매기는 부리 끝이 빨갛고 새끼들이 갈색빛인 것이 특징이다. 갈색 새끼를 보면 일반인들은 다른 종으로 착각하기 쉽다. 어른 새와 크기가 거의 같기 때문이다. 하지만 이들은 말 그대로 청소년기의 건강한 괭이갈매기이고, 일 년이 지나면 새하얀 어른 깃털로 거짓말처럼 변신한다.

새끼들의 색다른 깃털은 어른 새들에게 새끼들이 경쟁 상대가 아니라 함께 보살펴야 할 대상이라는 사실을 알려 주는 상징이기도 하다. 눈이 좋은 새들은 후각보다는 시각에 더 의존한다. 새들은 주행성 동물이고 시각에 의존한다는 면에서 사자 같은 육상 포유동물보다 오히려 사람과 더 많이 닮았다.

그 청소년 갈매기 중 한 마리가 다리를 하나만 뻗고 날았다. 이상하다 생각해서 추적해 보았더니 아니나 다를까 입과 다리에 낚싯줄이 함께 묶여 있었다. 살금살금 다가가 한번 구해 보려 했지만 가당키나 한가! 갈매기는 금방 그 어색한 자세로 저쪽 바위 위로 멀찌감치 날아가 버렸다. 그에게 관심 갖는 사람이란 모두 다 적인 것이다.

갈매기는 어떻게 그것을 혼자 극복해 내려나? 일단 아프지만 바늘이 낀 물갈퀴를 찢어서 벗어나는 방법이 하나 있고, 아니면 그냥 내버려두어서 오랜 염증 끝에 조직이 물러져서 빠지게 하는 방법이 또 하나 있다. 하지만 두 방법 모두 불안하다. 상처가 아물 때까지 갈매기가 그 고통을 감당할 수 있을지, 또 흔히 카니발리즘이라고 하는 무리의 따돌림을 견뎌 낼 수 있을지 걱정이다.

잡는 데 허탕 치고 아래를 바라보니 강태공 무리가 갯바위마다

낚싯줄에 걸린 갈매기.

자리 잡고 있었다. 왜 사람들은 손으로 무얼 갖고 노는 것을 그리 좋아할까? 적어도 취미라면 누군가를 해쳐서는 안 되는 것 아닐까? 나는 그냥 걷고 구경만 해도 충분히 즐거운데. 많은 낚시꾼이 잡은 물고기를 잘 먹지도 않고 아무 데나 내팽개친다. 그것을 먹는 갈매기들은 소화 불량이 되기 쉽다. 운 없으면 낚싯바늘을 삼키기도 한다.

## 갯바위의 작은 물고기들

걷다 보니 예쁜 돌들이 굴러다니는 한적한 몽돌해변에 도착했

해안가의 동글동글한 돌.

다. 내게는 돌 하나하나가 마치 하나의 행성 같았다. 화성도 보이고 금성도 보이고 태양도 보였다. 이곳에서 돌만 구경해도 몇 시간은 금방 보낼 것 같다. 편편한 돌 몇 개를 주워서 힘찬 물수제비를 날려 보았다. 파도에 부딪쳐 몇 개밖에 튀어 오르지 않았다.

물수제비야말로 지속 가능한 놀이 같다. 던진 돌은 다시 해안으로 밀려올 것이고 물은 돌을 맞아도 아프지 않으니까. 바다 생물이 그 돌에 맞을 확률은 거의 제로에 가까우니 그 돌은 아무도 해치치 않고 다시 제자리도 돌아온다. 말 그대로 제로 상태가 되는 것이다.

'제로가 되자!'

오늘의 교훈을 이렇게 정해 보았다.

갯바위에는 지난 태풍에 밀려와 고립된 물웅덩이에 빠진 작은 물고기들이 살고 있었다.

"재들은 언제나 돌아가나? 다음 태풍에?"

나보다 마음씨 고운 친구가 그들을 걱정한다.

해를 먹는 섬을 미처 보지 못한 채 발길을 돌렸다. 아쉽다. 낚싯줄에 걸린 갈매기가 못내 걱정이다.

14

# 야생 소의 전설이 여기 있다니

10월

바다가 마치 고속 도로 같았다! 완도의 여서도 가는 길은 아기 요람 위에 있는 것처럼 편안했다. 이번 여행의 최대 걱정거리이자 하이라이트는 네 시간 넘게 배를 타는 것이었다. 특히 멀미가 심한 나는 출발 전부터 잔뜩 긴장했다. 하지만 용왕님은 나를 외면하지 않았다. 바람이 딱 기분 좋게 불어 멀미 걱정은 덜었다. 갈매기도 가끔 배를 따라오고 아득히 보이는 조그마한 갯바위와 섬들이 운치를 더했다. 이 크고 잔잔한 바다에 어울리는 고래 한 마리가 보이지 않는 것이 불만이라면 불만이었다. 그 대신 고래처럼 커다란 배들을 구경하는 것으로 만족했다.

'조그만 밤톨 같은 아름다운 섬을 사 보리라. 그리고 수륙 양용 자동차를 사서 거기까지 운전하고 다니리라.'

언젠가 이런 막연한 꿈을 꾸어 본 적이 있다. 바다에 나오니 그것이 꼭 꿈으로 끝날 건 아닐지도 모르겠다는 설렘의 바람이 불다가 일순 사그라졌다. 섬 가까이 가니 점점이 떠 있는 질서 정연한 온갖 플라스틱 부표들이 눈에 들어왔다. 부표들은 여기가 낭만의 바다가 아닌 삶의 현장임을 깨닫게 해 주었다.

## 쓸모가 넘치는 돌

여자가 많아서 여서도일까 했는데 그게 아니었다. 아름다울 려(麗), 돌 서(瑞). 아름다운 돌이 많다는 의미였다. 소리보다 뜻이 더 멋진 이름이다. 섬은 조그맣다. 하지만 배경으로 큰 산을 이고 있다. 이 큰 산에는 많은 동식물이 군락을 이루고 있다. 육지에서 잘 볼 수 없는 동백나무나 후박나무 같은 아열대 나무들로 이루어진 숲이다. 특이하고 아름답다. 하늘 위에는 얼마 전에 몽골 등에서 날아왔을 커다란 말똥가리가 위용을 자랑하며 마치 이 모든 것이 제 소유인 양 연처럼 유유히 날고 있다.

여서도의 집들은 특이하게도 돌담이 거의 지붕 높이까지 쌓여 있다. 어떤 집은 아예 돌로 집 일부를 지었다. 산에 돌이 많으니 건축 재료로 아낌없이 쏟아부은 것이다. 여서도도 홍도나 매물도 같은 관광 섬이 되어 가고 있는지 주민들은 30제곱미터 남짓한 작은

위 • 산 위에서 바라본 여서도.
아래 • 여서도의 섬 풍경.

집을 식물이나 돌로 아기자기하고 정갈하게 꾸며 놓았다. 선인장과 넝쿨을 이용해 돌담장에도 수직 정원을 만들어 놓았다.

바닷가에서 돌은 쓸모가 넘친다. 단단하고 강하고 오래가고 바람이 잘 통하는 돌. 이런 섬에서는 돌만큼 튼튼한 재료를 찾아보기 힘들다. 그리고 무엇보다 돌은 그 자체로 아름답다. 대개 도시 사람들은 이런 원시적인 천연의 아름다움에 푹 빠져든다.

## 뱀보다 더 무서운 소

섬의 핵심인 큰 산에 올라갔다. 배 없고 낚시 취미 없는 사람은 사실 섬에 가서 할 일이 거의 없다. 그래서 마냥 걸었다. 실없이 여기저기 동네를 기웃거릴 수만도 없으니 산에 오르는 것이 가장 현명한 방법일지도 모른다. 다행히 여서도는 푸르디푸른 바다와 잇단 산이 있어 두 시간을 충분히 산행할 수 있다.

그런데 이 산에는 외지인들은 잘 모르는 무서운 놈들이 살고 있다. 모르고 덤볐다간 큰코다칠 수도 있다. 그놈들은 바로 뱀과 소다. 육지에서 뱀은 10월 말 정도면 다 겨울잠에 들어가서 여기에도 없겠거니 했는데 그게 아니었다. 민박집 아주머니가 여기는 아직 뱀이 나오니 주의하란다. 발밑을 주의해서 걸었는데 다행히 뱀과 조우하지는 않았다.

그런데 뱀보다 더 무서운 놈이 바로 소란다. 이 산에는 50마리가 넘는 야생 한우가 산단다. '소가 뭐가 무서워?' 하겠지만 이미 야생화된 소들은 사람을 코너에 몰아넣기도 하고 들이받기도 한단다. 아프리카에서 사람을 가장 많이 죽게 만드는 것이 아프리카물소라고들 하는데 한우도 야생화되면 정말 무서운가 보다. 나는 산에서 내려오고 나서야 그 이야기를 들었다.

산길은 사람을 위한 길이 아니었다. 소가 다니는 고속 도로였다. 길이 온통 소똥 천지였다. 방금 싼 듯한, 김이 모락모락 나는 신선한 똥이 있기에 소를 찾으려고 똥 자국을 따라갔는데 신기루처럼 소는 어디로 사라지고 없었다. 결국 소 한 마리도 못 보고 내려왔는데 그게 무척 다행이었다는 것을 나중에 알았다. 민박집 아저씨로부터 소들이 산에 풀린 후로 한 마리도 잡을 수 없었다는 야생 소의 '전설'을 들었다. 무식이 용감이었던 것이다. 피식 웃음이 나왔다. 소는 전통적으로 가축인 줄로만 알았는데 야생으로도 돌아갈 수 있다는 것을 새삼 깨달았다.

다음 날 아침 먼 산을 보니 산등성이에서 누렇게 움직이는 것이 보였다. 아! 소였다. 야생 소는 그렇게 잠시 그림자를 내어 준 후 영원히 시야에서 사라졌다. 이 소를 어찌해야 한단 말인가. '다시 찾고 싶은 섬' 프로젝트를 추진하고 있는 여서도로서는 여간 난감한 문제가 아닐 것이다. 하지만 이것이 혹시 기회가 되지는 않을까? 아프리카처럼 마취 총이나 퇴치 스프레이를 가진 주민 가이드

길가의 고양이들.

를 동행해 함께 산을 오르는 상상을 해 보았다. 사자도 아니고 호랑이도 아니고 오직 소의 위험에서 벗어나기 위한 특이하고 스릴 있는 산행, 매우 흥미로울 것 같다. 외로운 섬에서는 모든 것이 관광 상품이 될 수 있다.

참! 여서도에는 약초가 있다. 약초꾼들을 단속한다 해서 무엇 때문인가 했더니 널린 것이 천남성이었다. 꽃도 크고 열매도 큰 천남성은 약재로 쓰인다. 이곳 주민들은 관심이 없어 보이는 대로 잘

라 버리지만 누군가에게는 귀한 약초가 된다. 생으로 먹으면 독초지만 조리를 잘하면 만병통치약이 될 수 있는 약초이다.

## 물고기와 눈이 마주치다

여서도의 항구는 그 자체로 수족관이었다. 파랗고 투명한 바다 밑에서 깊은 바다로 가기를 망설이는 각종 치어 떼가 무리 지어 다니고 있었다. 돔, 볼락, 노래미, 방어, 우럭 등등 물고기를 좀 아는 분이 열거해 주는 종류만 해도 이 정도니 그야말로 살아 있는 해양 수족관이다. 돈을 낼 필요도 없이 허리만 약간 구부리면 그들의 자연스러운 모습을 볼 수 있었다. 어떤 녀석은 일부러 그러는지 몸을 납작하게 옆으로 눕힌 다음 차디찬 눈을 위로 한 채 쓱 올라와서는 물 위에 있는 벌레를 착 낚아채는 신묘한 재주를 선보여 주었다. 물고기와 눈이 마주치는 황홀한 순간!

배는 섬과 섬을 잇는다. 육지와 섬을 잇는 연륙교보다는 훨씬 불편하지만 배로 다니는 것이 훨씬 낭만적이고 아름답고 여행답다. 섬은 섬다워야 비로소 의미 있어 보인다.

그 섬들 사이를 '섬사랑호'가 다닌다. 이 배는 해양수산부에서 운영하는 배인데 뱃삯도 저렴한 데다가 그야말로 편안하고 정겹다. 나이 든 선원들이 승객들에게 말을 걸고 함께 어울리기도 한다. 선원이기보다는 그냥 동네 아저씨들 같다. 서로 이득을 챙기지 않아도 될 때 책임감과 연대감도 더해진다. 섬사랑호는 바다라는 사막을 건너는 낙타 구실을 하고 있다.

바다에 서 보니 별별 그림이 다 보인다. 그들 하나하나가 내가 그토록 찾고 싶은 진짜 고래가 아닐까 싶었다.

15

# 시인도 이 계절에 까마귀를 보았구나

11월

춥지도 덥지도 않고, 날씨가 걷기에 딱 좋다. 오늘의 목적지는 또다시 지리산 둘레길이다. 장항마을에 차를 세워 놓고 배낭 멘 사람들의 꼬리와 이정표를 따라서 영차 영차 열심히 걸었다. 올라가다 보니 눈앞에 산이 나타나는데 이런 감탄이 절로 튀어나왔다.

"와! 산이 꽃이네!"

산꼭대기를 물들인 단풍은 그야말로 푸른 산이 받치고 있는 주홍 꽃다발이었다. 주홍 꽃다발? 어디선가 본 듯하여 잠시 생각하니 고흐의 정물화가 떠올랐다. 고흐는 노란 해바라기로도 유명하지만 주홍색 계열의 정물화도 많이 그렸다.

밝은 주홍빛은 가을 빛깔이다. 보고 보고 또 돌아보아도 질리지 않게 산은 아름다웠다. 따로 떼어 놓고 보면 볼품없는 갈변한 참나무, 옻나무 한 그루 한 그루가 모여 수천이 되고 그것이 햇빛에 반사되니 저토록 농도 짙은 유채화를 만들어 낸다. 저 작품도 오래 가지 못할 텐데! 지금 오길 정말 잘했다.

'오메! 징하게 단풍 들었네.'

## 모습은 영락없이 삵인데

오늘 만난 첫 동물은 가족들을 따라 나온 개 삼총사였다. 개들은 그저 정신없이 앞만 보고 열심히, 헉헉대며 가고 있었다. 생긴 건 삽살개 같은데 키가 작은 것을 보면 아마 아닐 것이다. 개 품종은 참 알아맞히기 힘들다. 우리는 개 전문가가 아니니 굳이 품종을 알 필요는 없을 것이다. 그래도 사람들은 개를 보면 우선 무슨 품종인지부터 물어본다. 믹스(mix)면 어때!

두 번째로 만난 녀석은 아주 독특한 '삵 고양이' 한 마리였다. 물론 세상에 삵 고양이란 것은 없다. 이 녀석의 외양을 보고 내가 문득 떠올린 이름이다. 삵과 고양이가 묘하게 섞인 모습이었기 때문이다. 녀석은 먼발치에서 물을 홀짝이고 있었는데 완벽한 삵의 모습이었다.

'야행성인 녀석이 어떻게 여기 있지?'

은근히 행운이라 여겼다. 조심스레 사진을 찍으려는데 이 녀석

삵을 닮은 고양이.

이 인기척을 느끼고도 도망가지 않는다. '뭐 이런 황당한 삵이 있나?' 하는데 우리를 보고 아예 다가오기까지 한다. 아무래도 의심스러워 "야옹." 하고 소리를 내 보니 저도 "야옹." 하고 화답한다. 고양이였다. 삵과 섞였는지 모습은 영락없이 삵의 외형인데 성격은 완전히 고양이다. 그것도 아주 애굣덩어리인 고양이. 내게 다가오더니 머리를 내 주먹에 연신 비벼 댄다. 여러 번 해 본 솜씨다.

'둘레길에 종종 나와서 이렇게 애교 작전으로 배고픔을 채우는가 보다!'

지리산 둘레길이 낳은 진기한 풍경이었다.

드디어 천왕봉이 가장 잘 보인다고 쓰인 원두막에 올랐다. 고대하던 점심시간. 친구와 둘이 간단히 한 끼 먹는데도 무에 그리 바리바리 챙겨 왔는지! 배낭의 절반을 차지한 음식들을 배 속으로 밀어 넣었다.

'우리가 순례 치곤 너무 럭셔리하게 하는구나!'

좀 더 비워야 더 가벼워지고 정신도 맑아져서 더 멀리 갈 수 있을 것이다.

오늘은 '삵 고양이'를 마지막으로 큰 동물은 더 이상 보지 못했다. 일부러 보려는 것은 아니지만 그래도 만나면 참 신날 텐데, 아쉬운 마음이 들었다. 그러다 문득 고개를 드니 붉은 산꼭대기를 아련히 도는 맹금류 한 마리가 눈에 띄었다. 아득히 보이니 매인지 솔개인지 아니면 황조롱이인지 확실치는 않다. 아무튼 맹금류이고 뭔가를 사냥하려고 예리한 눈으로 땅바닥을 바라보며 상승 기류를 타고 날개를 벌린 채 연처럼 유유히 떠다닌다. 그래서 서양에서는 이들을 카이트, 즉 연이라고 부르기도 한다. 이들을 만나면 마치 나에게 행운이 깃드는 것 같다. 그래서 오늘도 행운이다.

## 연가시 하나에 사마귀 하나

한 달 전만 해도 길가에 지천으로 있었던 무당거미들이 모두 사라지고 없었다. 내가 신경 써서 보지 않은 것인지 아니면 그들이 벌써 후손(알 집)을 남긴 채 쓸쓸히 생을 마감 지어 버린 것인지 알 수 없다. 길바닥을 내려다보니 사마귀 한 마리가 추풍낙엽처럼 위

먼 하늘의 맹금류.

태롭게 길 가운데 흔들흔들 서 있다. 수컷도 잡아먹고 알도 다 낳았으니 이제 죽을 일밖에 안 남아 생의 마지막 몸부림을 하고 있는 것이다. 혹 운이 없는 경우라면 어렸을 적 유충 시절에 먹이로 착각해 먹은 연가시가 몸에서 나와 빈사 상태에 빠져 있는지도 모른다.

요즘처럼 물이 가문 때에는 지렁이 같은 갈색 연가시들을 길에

사마귀

서도 가끔 볼 수 있다. 연가시 주검 하나에 사마귀 주검 하나씩. 강인하게 보이는 사마귀도 연가시를 생각하면 불쌍하게 느껴진다. 당랑권을 자랑하던 사마귀도 한여름 몇 달간만 잠깐 살다 간다. 보이는 것이 전부는 아니다. 다들 애쓰며 산다. 사슴벌레, 장수풍뎅이, 여치, 메뚜기, 잠자리, 거미 등등. 잘 가라! 명복을 빈다.

## 말벌이 자취를 감추었다

꿀벌들이 아직도 감국꽃 위를 비행하고 있다. 감국은 사람 몸에도 참 좋아 차로나 술로도 애용한다는데, 꽃을 하나 따서 먹어 보니 쓰디쓰다. 그런데 그 작은 꽃에서 꿀벌은 용케도 화분과 꿀을 찾아 얻어 간다. 곤충이 좋아하는 것은 대개 맛도 좋다는데 감국을

가을녘의 까치들.

보면 다 그렇지는 않은 모양이다. 아니면 내가 꿀벌들이 타깃으로 하는 달콤한 포인트를 찾지 못한 것일까?

꿀벌은 쌀쌀한 가을날에도 비교적 활발하게 움직이지만 말벌들은 어느새 자취를 감추어 버렸다. 감나무 높은 위에 커다란 말벌집 하나만, 마치 버려진 흙집처럼 구멍이 숭숭 뚫린 채 덩그러니 남아 있다. 집도 주인도 함께 제 수명을 다한 것이다. 그 험하던 말벌들은 찬바람이 불면 단체로 우수수 땅에 떨어져 죽고 여왕벌만 홀로 살아남아 차가운 나무껍질 안에서 겨울을 버틴다. 내년 봄 여왕벌이 스스로 거대한 집의 기초를 만들어 알을 낳으면 그 알들이 부화해 다시 새 세대를 이어간다.

그들의 일생은 이처럼 드라마틱하다. 짧은 세월을 사는 사회적인 동물들은 대개 원시 공산 사회의 모습을 완벽하게 이룬다. 마르크스의 공산주의 이념이 혹시 말벌이나 개미를 보고 만든 것은 아닐까? 동물이 많이 없으니 쓸데없는 생각만 깊어진다. 그래서 가을인가 보다.

## 까마귀와 가을의 기도

금계 버스 정거장 앞 동네 카페에서 커피를 한잔 마셨다. 시선을 올려 보니 까마귀 한 마리가 마른 감나무 가지 위에 까맣게 앉아 있다. 반사적으로 「가을의 기도」라는 김현승의 시가 떠오른다.

가을에는
호올로 있게 하소서…….

나의 영혼,
굽이치는 바다와
백합의 골짜기를 지나,
마른 나뭇가지 위에 다다른 까마귀같이.

아, 시인도 이 계절에 이 새를 똑같이 보았구나! 그리고 그 느낌 그대로 적은 거구나. 오늘 본 까마귀는 영혼을 지닌 사차원 세계의 동물 같다. 아니면 「센과 치히로의 모험」 같은 애니메이션에서 갓 튀어나온 신비로운 동물 같다. 아직도 내 안에 몽환적인 감성이 남아 있는 걸까? 신비로움을 느끼게 하는 동물들은 언제 봐도 흥미롭다.

10분을 기다려 완행 마을버스를 탔다. 예전에는 마을을 오가는 이런 버스가 얼마나 든든했는지 모른다. 흙먼지 날리는 큰 미루나무 아래 낡고 작은 시멘트 정류장, 누가 가져다 놓았는지 모를 작은 소파 하나. 그곳에 조심스레 앉아 버스를 기다리던 유년 시절의 향수가 덜컹거리는 버스에서 먼지처럼 피어오른다.

4부

# 겨울

16

# 저 개는 도를 닦으면 신선이 되겠네

12월

드디어 겨울임이 실감 난다. 걷다 보면 햇빛이 비쳤다 안 비쳤다 함에 따라 추웠다 더웠다, 옷을 입었다 벗었다를 반복하게 된다. 그래서 그랬을까? 오늘은 집을 나서기도 싫었고, 이상하게 가는 길도 엄청 멀어 보였다. 평소보다 그깟 10킬로미터쯤 더 갔다고 살짝 멀미까지 했다.

그런데 등 뒤의 차고 센 바람이 받쳐 줘서인지 아니면 내가 추위를 잊기 위해 열을 내려고 안간힘을 써서인지 발걸음은 이상하게도 마냥 가벼웠다. 조그만 마을 언덕을 살짝 넘으니 거기서부터는 거의 평지 같은 길이었다. 친구가 반가워하며 이렇게 말했다.

"그래! 내가 원하던 길이 바로 이런 길이야. 등산하듯 오르는 길이 아니라 터벅터벅 앞만 보며 걷는 길. 편하게 발과 머리가 따로

용유담 길.

놀아도 되는 길."

말처럼 그랬다. 이 길은 용유담이라는 큰 계곡을 따라 펼쳐져 있고 가다 보면 오솔길도 좀 있지만 그마저도 평지처럼 편한 길이었다. 잠깐의 오솔길을 통과하면 또 잘 다듬어진 마을 외곽 길이 나왔다. 앞서 고된 길 걷기 체험을 한 터라 이번 길은 아주 쉬웠다.

## 용유담의 나귀 전설

우리가 따라 걷는 지리산 용유담은 용이 노니는 계곡이라는 이름처럼 굽이굽이 흐르면서 칠선계곡 같은 지리산이 품은 큰 물에 합류되어 엄천강이라는 '엄청 큰 강'으로 흘러들어 간다. 맑고 큰 물이 바윗돌 틈 사이를 유유히 흘러 말 그대로 용과 신선만이 사는 곳으로 보였다.

풍경이 참 좋길래 "우리 여름에 한번 더 오자! 여기 별천지 같다." 하고 이야기했는데 나중에 보니 세상 물정 모르는 이야기였다. 이곳은 이미 여름이면 경상도 사람들의 주요 휴양지가 되는 곳이었다. 그래서인지 주변 곳곳에 숲과 기암괴석을 파고든 펜션이나 전원주택이 많았다. 지금은 인적이 없어 귀곡 산장 같지만 여름에는 사람이 꽉꽉 들어찰 것이다.

이 멋진 용유담에는 재미있는 이야기가 숨어 있다. 옛날 옛적에 마적 도사라는 분이 이곳에 홀연히 나타났다. 도사가 종이에 쇠도장을 찍어서 나귀에게 실어 보내면 그 나귀가 어디론가 가서 식료품과 생활용품을 등에 싣고 왔다. 돌아온 나귀가 용유담 가에 와서 울면 마적 도사가 쇠막대기로 다리를 놓아 나귀가 용유담을 건너오게 하였다.

하루는 마적 도사가 나귀를 기다리며 장기를 두고 있는데 용유담에서 놀던 용 아홉 마리가 큰 싸움을 벌였다. 그 시끄러운 소리에 나귀가 와서 우는데도 마적 도사는 듣지 못하고 장기만 두었다. 나귀는 강변에 짐을 싣고 서서 온 힘을 다해 꺼억꺼억 울부짖다가 그대로 지쳐 죽고 말았다. 나귀가 죽어서 바위가 되었는데 그 바위가 곧 나귀 바위이다. 한편 마적 도사는 나귀가 죽은 것에 화가 나 장기판을 부수어 버렸는데 그 부서진 장기판 조각들이 지금의 용유담 돌들이 되었다고 한다.

이야기는 그럴듯한데 그 옛날에 우리나라에 시끄럽게 우는 당나귀가 있었을까 싶다. 하지만 장면을 떠올리면 매우 신비하고 재밌다.

## 새들의 겨울 식량

오늘은 애당초 동물 보기는 틀린 것 같았다. 날이 너무 추웠기 때문이다. 이미 겨울잠에 들어갈 녀석들은 다 들어갔고, 깨어 돌아다닐 만한 고라니나 수달 같은 녀석들도 굳이 한낮에 나돌아 다닐 리 없었다. 괜스레 동물들이 겨울잠을 잘 듯한 바위 밑이나, 나무 그루터기 속 같은 곳을 들여다보았다. 그래 봤자 곰이라도 보일 리 없고, 보이더라도 일부러 들쑤시고 싶지 않다. 그냥 상상만 해 볼 뿐이다.

'이런 큰 바윗돌 밑 건조한 곳에는 뱀들이 똬리를 틀고 자고 있을 거야. 저 작은 토굴은 아마도 다람쥐 겨울 굴일 거야.'

그러다 유난히 밝은 연두색의 조그만 초롱을 하나 발견했다.

'아, 이건 나비 애벌레 집 같은데!'

어른이 된 곤충들은 거의 다 겨울이 오기 전에 하늘로 사라졌고 풀숲과 나무줄기, 낙엽 뒤에서는 어미가 정성스레 남기고 간 알 집과 고치솜에서 번데기들이 추운 줄도 모르고 차가운 잠에 깊이 빠져 있을 것이다. 새들도 차마 이것들까지는 먹지 않는다. 그래서 새들의 겨울 입맛은 거의 초식성으로 변한다. 옻나무나 벽오동, 겨우살이나무 같은, 평소라면 거들떠보지도 않던 맛없고 딱딱한 것을 먹으면서 겨우겨우 겨울을 이겨 낸다.

특히 까치나 까마귀는 겨울이면 집단을 형성해 서로 의탁한다. 겨울에 찾아온 나그네새인 매는 무리를 배경으로 선 까치 한 마리의 투지를 당해 낼 수 없다. 매는 신경전을 벌이다 결국에는 어디론가 훨훨 날아가고 만다.

나비의 애벌레 집.

## 까만 목도리를 두른 개

동물 보기를 포기할까 했더니 비로소 동물이 보였다. 바로 개와 고양이들. 인적 드문 전원주택 곳곳에 홀로 있는 개들이 보였다. 저 큰 집이 누구 소유인가 했더니, 개들이 진정한 거주자였다. 강아지들, '토종스러운' 개, 레트리버, 삽살개 등등 사람은 안 보이고 개들만 잔뜩 보였다. 다들 커다랗고 화려해서 부럽기 그지없는 집을 곁에 보유하고 있었지만 바깥에 단단히 묶여 있어 그 안으로 들어가지 못하는 '하우스 푸어'들이었다. 경치 좋은 곳에서 묶여 지내는 신세라니, 안타까웠다.

'너희들 밥이나 먹고 사니?'

속으로 물었다. 멀리 보이는 개 한 마리는 세상에나, 풍채도 좋건만 소나무 그늘 바로 아래 언덕배기에 묶여 있었다.

까만 목도리를 두른 개도 있었다. 황금 개였다. 노란 몸에 까만 목도리까지 두르니 영락없이 황금 개로 보였다.

'저 개는 도를 닦으면 신선이 되겠네!'

탁 트인 동강마을을 언덕 위에서 보자 감탄사가 절로 나왔다.

'와! 저곳은 꼭 천국 같다.'

동강마을은 사방이 산으로 둘러싸여 있고 엄천강이 두 갈래로 감아 돈다. 여기에 수도를 정하면 누가 쳐들어오든 사방으로 도망칠 수 있겠다. 곡창 지대인 데다 산에 둘러싸여 안 보이니 천혜의

요새였다. 한눈에 보기에도 그림 같은 배경이었다.

'우리나라에 이런 곳이 아직도 있었어?'

마을 앞 구멍가게에 들렀는데 뜻밖에도 횟집 겸업이었다. 밖에 수족관이 있기에 살펴보니 향어와 다른 작은 물고기들이 헤엄치고 있었다. 향어들은 통통해서 겨울이 와도 별로 추위를 타지 않는가 보았다. 물고기들은 겨울이면 수온 변화가 덜한 깊은 곳으로 들어가고 움직임을 줄인다. 꼭 그렇게 안 해도 추위에는 잘 단련돼 있는 편이다.

마을 빈터에는 고양이 한 마리가 죽은 듯이 웅크리고 앉아 볕을 핥고 있고, 집집마다 있는 감나무에는 거의 검은색으로 변한 아이스 홍시가 자기를 먹어서 씨를 전파해 줄 까치 떼를 '하냥' 기다리고 있었다.

## 애꾸눈 고양이의 사연

돌아오는 길에 가 보자 해 놓고 몇 번이나 그냥 지나쳤던 고찰 실상사에 한번 들러 보기로 해다. 특이하게도 길 바로 옆에 절이 있었다. 실상사는 대웅전이 없고 작은 본채만 있는데 단청도 없는 오래된 순 목조 건물이라 세월의 향기를 입어 너무나 아름다웠다. 예전에 해우소로 썼던 작은 건물도, 자연의 비틀어지고 어긋난 목재를 그대로 가져다 써 그 자체로 작품이었다. 함께 간 친구가 옛 건물은 기둥이나 대들보의 재료로 말한다고 거든다. 강한 집 주인일수록 크고 좋은 재료를 쓸 테니까.

낡아서 더욱 멋스러운 한옥 찻집이 있기에 들어갔다. 난로 옆 작은 종이 박스 안에 축 늘어진 고양이가 주인 대신 객을 눈으로만 맞이하고 있었다. "고양아, 커피 좀 줘 봐!" 했더니 '네가 타 먹든지.' 하는 눈빛으로 심드렁하게 쳐다보았다. 그제야 주인이 나와서 고양이의 사연을 들려주었다. 이 고양이는 발톱이 기형인 데다 고관절도 잘 못 써서 버려졌던 녀석이란다. 그것도 모르고 심부름을 시켰네! 미안하다.

화장실에 가려고 나섰더니 처마 밑에서 커다랗고 지저분한 애꾸눈 고양이가 나를 쳐다보았다. 이 고양이는 이 동네 대장인데, 나이가 들어서인지 요즘에는 자주 맞고 들어온단다. 뒤꼍에도 고양이가 몇 마리 있었다. 찻집인 줄 알았더니 여기도 고양이 차지구나! 사람을 위해 집을 짓는 건지, 집을 지어 개와 고양이에게 봉사하는 건지 모를 일이다. 요즘 시골집 중에는 이런 집이 매우 많다.

저 멀리 지리산 주봉들을 눈구름이 새하얗게 뒤덮고 있다. 여기도 눈이 내리기 시작한다. 갈 길 바쁜 나그네는 부지런히 발길을 돌려야겠다. 오늘은 발과 눈이 동시에 즐겁고 머리가 맑아진, 마치 크리스마스의 작은 선물 같은 날이었다. 모든 것에 고맙다!

위 • 실상사 앞의 연못.
아래 • 가게를 지키는 애꾸눈 고양이.

17

# 눈 위에 선명한 산토끼 발자국

1월

저수지가 온통 얼어붙었다. 늘 호기심 넘치는 친구와 함께 일단 돌멩이를 던져 본다. 얼음이 깨지지 않기에 조심스레 저수지 위로 한 발씩 내밀어 보고 두 발 모두 올라섰다가 쩍! 하는 소리에 화들짝 놀라 급히 둔덕으로 도망쳤다. 누가 볼까 창피했다.

이번 길은 차로 섬진강을 빙 돌아야 도착하는 곳이었다. 며칠 동안 눈이 많이 내렸다. 눈이 녹은 산은 마치 면도용 크림을 뿌려 놓은 것 같았다. 커다란 산이 온통 하얀 거품투성이였다. 그 크림이 녹아내리며 내는 '푸시식' 하는 소리들로 온 산이 가득 차 있었다.

섬진강에는 살얼음이 얼어 있었다. 그 얼음을 피해 겨울 철새들은 좁아진 수로에 한데 모여 몸을 의지하고 있었다. 물 반 새 반이었다. 강 중간에 솟은 바위 위에는 소복한 눈 모자가 푸근히 쌓여 겨울만의 풍경을 자아내고 있었다. 풍경이란 오직 찾아 나선 이에게만 보이는 찰나의 선물이다. 겨울 왕국은 예술이었다. 때로는 사라지는 것들이 더욱 슬프고 아름답게 보인다.

## 큰 산엔 큰 물이 있다더니

조선 영조 때부터 이어져 왔다는 고색창연한 건축물 운조루에서 오늘의 순례를 시작했다. 운조루는 한옥 자체도 아름답지만 자연을 끌어들인 정원과 집 주변의 인공 호수가 특히 인상적이다. 사랑채에서 안채로 향하는 공간을 문틈으로 살펴보니 운조루만큼이나 유명한, '타인능해'라는 작은 나무 뒤주가 보였다. 다른 사람이 열어도 된다는 뜻인데 거기에는 이런 따뜻한 마음이 담겨 있다. 배고픈 사람은 누구나 와서 쌀을 퍼 가라. 단 남도 생각하면서 조금씩만.

운조루를 중심으로 꽤 근사한 한옥이 주변에 즐비했다. 요즘 돌담, 한옥, 텃밭 같은 데에 자꾸 마음이 간다. 예스러운 것을 보면 그게 꼭 본류 같아 한없이 쳐다보는 묘한 버릇도 생겼다. 나이가 들긴 든 모양이다. 뜰이 있는 작은 한옥 한 채 가꾸면서 살고 싶다는 바람이 부쩍 들었다.

구경은 잠시, 초행길이라 전체 시간을 가늠할 수 없기에 걸음을 재촉해야 했다. 마을을 가장 많이 지나는 길이라는 소문처럼 마을 한가운데를 관통하는 길에서부터 본 행보가 시작되었다. 마을이 무척이나 푸근하고 안정감이 있어 유래를 보았더니 역시나 신라 때부터 도선 국사가 풍수지리로 지정한 명당자리라고 한다. 배산임수, 황계포란(노란 암탉이 알을 품고 있는 모습.) 같은 말들이 가리키는 자리인 모양이었다.

마을 한가운데에서는 우물이 아직도 제 역할을 다하고 있었다. 먹는 물로도 적합하다고 쓰여 있어 한 바가지 쭉 마셔 보았더니 물맛이 참 달았다. 마을 배수로에는 물이 콸콸 흘러넘치고 경사지에는 물이 폭포처럼 떨어지는 곳도 있었다. 마치 큰 계곡을 마을 가운데에 옮겨 놓은 듯했다. 함께 간 친구가 말한다.

"큰 산엔 큰 물이 있다더니, 동네에마저 이렇게 물이 많네!"

큰 산에 큰 물 나고 큰 스승 밑에 큰 사람 나고 명장 밑에 졸장 없다. 다 통하는 말들이다. 이렇게 터벅터벅 걷기만 해도 길에서 많은 배움을 얻는다. 동물들이 끊임없이 움직이는 까닭 역시 지금 우리와 다르지 않을 것이다.

## 동물들의 눈 발자국

마을을 돌아 나오니 이정표는 작은 언덕을 가리켰다. 그런데 언덕 곳곳에 무덤이 보인다. 산에서 무덤은 그 자체로 길잡이 구실을 한다. 길을 잃으면 무조건 큰 무덤을 찾아가면 된다. 큰 무덤은 잘 보여서 찾기도 쉽고, 특히 거기부터 큰길까지는 길이 나 있기 마련이기 때문이다. 그래서 동물들이 선호하는 길 또한 무덤길이다. 어제저녁에 다녀간 각종 동물들의 눈 발자국이 곳곳에 보인다. 고라니, 너구리, 산토끼, 까치 발자국들.

고라니는 우제류라 발자국이 V 자로 두 개다. 멧돼지 역시 비슷하지만 끝에 며느리발톱 두 개가 점처럼 찍혀 총 네 개가 보인다. 산토끼는 깡충깡충 뛰어다녀 Y 자 모양 발자국을 만든다. 고양이는 일자로 나란히 걷는다. 개 발자국과 너구리 발자국은 얼핏 비슷한데 너구리 것은 가운데 발가락 두 개가 거의 하나처럼 붙어 있다. 어디에나 가장 많은 것은 사람과 고양이 발자국이다. 그만큼 야생화된 고양이들이 많다는 증거이다.

발자국 모양은 동물들의 밤새 행적을 말해 준다. 먹이를 찾기 위한 생존형 발자국만 있는 것은 아니다. 그냥 산책하듯 가볍게 길 끝까지 걸어 보고 막히면 돌아서고, 여기는 어디로 뻗어 있나 괜스레 들어가 보고, 이 건축물은 얼마나 잘 지었나 한 바퀴 돌아보고 한 것 같은 흔적들도 많이 보인다. 인간만 유희나 여가를 즐기는 것은 아니다. 눈 발자국은 여러 가지를 알려 준다.

## 산짐승처럼 목을 축이니

오늘은 고양이 두 마리를 빼면 개조차 보이지 않았다. 참! 그래도 하늘 위에 꽤 많은 맹금류가 날아다녔는데 사냥하는 모습은 별로 보이지 않았다. 눈 속에서는 아무래도 먹이 찾기가 힘들 것이다. 그래도 새들은 해 비치고 바람 불면 일단 나와서 유유히 날아다녀 본다. 서양 속담에 '일찍 일어나는 새가 벌레를 잡는다.'라는 것이 있지만 사실 모든 새는 부지런하다. 그리고 저들은 며칠을 굶어도 여유롭다. 저런 힘은 어디서 오는 걸까?

지리산 반달곰 종 보전에 힘쓰는 국립공원생물종보전원에도 잠깐 바람처럼 들렀다. 행여 곰이라도 볼까 하는 막연한 기대감을 품었는데 곰은 전혀 공개되지 않았다. 아마도 곰들은 내실에서 '자울자울' 자고 있을 것이다. 사육 곰들은 깊은 잠을 자지 않는다. 혹시 암곰이 새끼들이라도 품고 있다면 식음을 전폐하고 육아에 전념하고 있을 것이다. 곰들은 겨울잠 기간에만 새끼를 낳고 키우기 때문이다. 동물원에 오래 있어서인지 안 봐도 비디오처럼 그림이 그려진다.

흔히 반달곰을 표현할 때 엄마 곰 한 마리, 새끼 곰 한 마리로 그리는데 그건 좀 바뀌어야 한다. 곰들은 평균 두 마리 정도의 쌍둥이를 낳아 키우기 때문이다.

깊은 산골에 옹달샘이 있었다. 그 옹달샘 옆에 친절하게도 누가 작고 빨간 바가지를 매달아 두었다. 산짐승처럼 목을 축이니 계곡물이 이가 시리도록 차갑고 맛나다. 옹달샘 옆 작은 밭에는 어느 정성스러운 분이 온갖 캔들이 달랑거리는 멋진 가시 울타리를 만들어 두셨다. 멧돼지를 위해 친환경적인 경고를 요란하게 해 둔 것이다. 이런 요령을 아는 것을 보면 아마도 전방 부대 출신인가 보다. 멧돼지도 그 의미를 알고 웃고 지나칠 성싶다. 귀엽다. 그리고 멋지다. 예술 작품이 뭐 별건가? 사람의 지혜와 정성이, 자연이 펼쳐 놓은 배경과 조화를 이룰 때 예술이고 작품이 되는 것일 테다. 또한 사그라드는 눈 위의 발자국처럼, 찰나에 빛나고 영원하지 않은 것 역시 예술의 본질일지도 모른다.

18

# 너구리와 족제비의 공동 화장실

벗의 의견에 따라 저번에 미처 못 가 봤던 지리산 방광마을에서 그다음 코스까지 13킬로미터를 걸어 보기로 했다. 며칠 계속된 한파로 저수지마저 모두 얼어붙어 동물은 흔적조차 찾기 쉽지 않았다. 그런데 오늘따라 별나게 눈에 많이 띄는 것이 있었다. 바로 똥, 똥, 똥들. 그래, 오늘은 똥이다.

동물 똥하고의 인연은 아마도 위대하신 호랑이의 똥부터였을 것이다. 호랑이 똥은 고약한 냄새가 나지만 일주일 정도 지나면 하얗게 석회화되어 모두 부서져 나간다. 동물원에서 근무할 때였다. 어느 날 누군가 '멧돼지에게는 호랑이가 천적이라 호랑이 똥으로 영역 표시를 하면 멧돼지들이 근처에 얼씬도 않는다.'라는 그럴듯한 낭설을 가지고 와서는 호랑이 똥을 좀 줄 수 없냐고 하는 것이다.

똥이야 어차피 버리는 것이긴 하지만 똥으로 엉뚱한 짓을 하는 사람들이 워낙 많아 함부로 줄 수는 없는 일이었다. 게다가 하루에 사람보다도 적게 싸는 호랑이 똥을 모으는 것도 쉬운 일이 아니다. 이래저래 주기 어렵다고 거절한 뒤 그까짓 똥 가지고 그런다고 욕도 많이 먹었다.

그런데 정말 효과가 있을까? 거절은 했지만 나도 궁금해졌다. 똥 중에서도 코끼리 똥은 신비한 효과가 있다. 호랑이나 사자에게 야자열매 같은 코끼리 똥을 던져 주면 사족을 못 쓰고 사랑에 빠진다. 호랑이 똥도 뭔가 다를까?

동물원에 사는 미니돼지들에게 실험해 보았다. 돼지우리 근처에 호랑이 똥을 조금 뿌려 본 것이다. 돼지들은 처음엔 가까이 가기를 주저하더니 금방 냄새에 익숙해져서는 아무렇지도 않아 했다. 호랑이 똥뿐만 아니라 표범 똥 심지어 개똥까지도 반응이 비슷했다. 멧돼지를 쫓으려면 차라리 냄새가 어느 정도 지속되는 표백제를 뿌리는 것이 더 나아 보였다. 호랑이 똥은 똥 이외에 아무것도 아니다.

## 식물들의 특급 전략

오늘 처음 만난 똥은 돌 위에 거나하게 실례해 놓은 새똥이었다.

꿩의 것 같은데 녀석은 속이 안 좋았던 모양이다. 소화도 안 된 씨앗들이 똥물만 묻은 채 고스란히 남아 있었다. 겨울에는 열매들이 영양가가 없어 대개 씨앗만 그냥 나오는데 이것은 식물들의 특급 전략이기도 하다. 겨우살이 같은 것들이 이런 전략을 쓰는데, 열매가 새 몸속에 들어갔다가 겉껍질만 살짝 소화되고 나오면 발화되기 좋은 상태가 되기 때문이다. 배고픈 동물을 이용하는 전략이지만 새들은 그거라도 먹고 겨울을 버텨야 한다. 사람들이 사향고양이에게 커피 열매를 먹여 고급 커피인 코피 루왁을 생산하는 것도 이런 동물의 습성을 모방한 것인데 그 잔인성은 훨씬 더하다. 잡식성인 사향고양이를 가둔 채로 커피 열매만 계속 먹이기 때문이다.

## 민머리 수달 삼형제

여전히 꽁꽁 얼어붙어 있는 저수지 위에 올라서 보았다. 그리고 한참을 앞으로 나아갔다. 쩍! 소리가 나는 지점까지. 저수지 가운데가 더 얼어붙어 있을 것 같았는데 그 반대로 가운데로 갈수록 얼음의 깊이가 얕아졌다.

“우리 어렸을 때는 아무 두려움 없이 이런 데서 썰매 지치고 놀았는데. 어른이 되니까 두려움만 늘어.”

정말 그렇다. 노는 아이들이 없으니 이 얼음들이 무척 아까웠다.

그래서 혼자서 미끄럼을 타고 내려왔다.

저수지를 보니 며칠 전 보았던 수달 생각이 났다. 그날 저녁 우연히 가까운 저수지 둑길을 산책하고 있었다. "키리릭 키릭!" 하는, 큰 동물들이 서로 다투는 소리가 나서 걸음을 멈추고 숨을 죽여 한참을 살펴보았다. 누구인지 짐작은 갔다. 여기서 저런 소리를 낼 수 있는 녀석은 수달밖에 없다.

아니나 다를까 조금 있으니 헤엄치며 장난하던 수달 세 마리가 인기척을 느꼈는지 나를 확인하려고 일제히 물속에서 목을 내밀고 쳐다보았다. 어찌나 설레던지. 귀한 동물들을 직접 만나는 순간은 늘 귀하고 반갑다. 수달과 눈을 마주치는 일은 일생에 두세 번 정도밖에 경험할 수 없다. 보통은 그렇지만 낚시꾼들은 허풍을 더해서 수달을 친구처럼 자주 본다고 한다. 달밤에 수달이 나오면 마치 귀신이 나오는 것 같단다. 그날 그 모습을 보니 그 말이 살짝 이해가 됐다. 귀여운 민머리 귀신 세 마리라니!

## 겨울잠 자는 너구리의 화장실

다음에 만난 똥은 나무 그루터기에 싸 놓은 똥이었다. 더 위에 싼 놈이 힘도 더 세다. 그 주변에도 똥이 많았다. 거의 똥 밭이었다. 짐작컨대 겨울잠 자던 너구리들이 잠깐 깨어났을 때 볼일을 보

너구리 똥으로 추정되는 것.

는 공동 화장실인 듯했다. 너구리 똥 치고는 풀인지 털인지가 너무 많이 섞여 있었다. 겨울잠을 자는 동안 거의 먹이 섭취를 안 하니 숙변이 나온 것일 테다.

부엉이나 독수리 같은 것들은 모구(헤어볼)라고 해서 사냥한 먹이를 소화시킨 뒤 털이나 뼈 등은 모아 입으로 토해 낸다. 하지만 개나 고양잇과 동물들의 털은 장에 모여 있다가 똥으로 나온다. 처음에는 너구리들이 풀을 먹고 기생충을 씻어 낸 것일까 했는데 겸사겸사 모구도 제거한 것 같았다. 얼마나 시원할까? 비워 내야 비로소 끝까지 닿을 수 있는 단식의 세계. 한번 해 보고 싶지만 나는 배고픔에 너무 약하다.

그 옆에는 최근 싸 놓은 듯 끈적끈적한 작은 똥들도 있었다. 아마도 족제비 것쯤으로 짐작된다. 그럼 여기는 너구리와 족제비의 공동 화장실일까? 아니면 한 녀석의 흔적을 지우기 위해 다른 녀석이 그 위에 싸 놓은 것일까? 상상만으로도 꽤 흥미가 돋지만 그저 짐작만 하고 넘어갈 뿐이다. 어떤 학자들은 비밀을 캐내기 위해 냄새도 맡고 안의 내용물도 들춰 보고 심지어 맛도 본다는데 나는 그들 발치에도 못 미치는 평범한 소인일 뿐이다.

걷다 보니 과수원 한가운데로 둘레길이 뚫려 있었다. 단감 과수원 주인의 고마운 배려가 엿보였다. 과수원에서 흔히 보이는 것은 '농작물을 따 가지 마세요.' '사유지이니 들어오지 마세요.' '사나운 개가 있어요.' 정도인데, 여기 주인은 살짝 귀엽기까지 했다.

'하나씩은 따 먹어도 괜찮습니다. 맛있으면 연락 주세요.'

감나무 하나에 하얀 스티로폼 팻말을 달아 이렇게 손 글씨로 써 놓았다. 천사일까, 장사의 달인일까? 어려운 농촌 현실에 아이디어가 기가 막힌다. 돌아오는 가을에는 한 봉지라도 사 먹어야겠다.

## 까치들이 한창 집 지을 때

똥에 정신이 팔려 그만 이정표를 놓치고 말았다. 500미터 정도 더 걸었는데도 이정표가 나타나지 않았다. 왔던 길을 되돌아가려니 매우 허탈하고 힘들어졌다. 안 그래도 우리는 여러모로 피곤한

전봇대 위의 까치둥지.

상태였다. 기왕 이리 된 것 여기서 점심 먹고 오늘은 철수하기로 했다. 목표의 1/3도 못 왔지만 다음에 여기서부터 시작하면 된다. 이렇게 짧은 거리를 걷고 철수하기는 이번이 처음이다. 다음에도 힘들다고 이렇게 쉽게 타협하면 안 되는데. 하지만 오늘은 오늘이고 내일은 생각하지 말자.

오늘 여행은 짧았지만 똥이라도 발견해서 다행이었다. 겨울 산

동물 여행은 대개 흔적 찾기에 그치고 만다. 아 참! 요즘은 까치들이 한창 짝짓고 새집을 짓는 시기이다. 튼튼한 전봇대에 갓 기초를 닦은 까치둥지가 보인다. 이제부터 본격적으로 짝짓고 둥지 짓고 알 낳고 새끼 키우는, 한 해 중 가장 바쁜 시기를 보내야 할 것이다. 명랑한 그들은 그 시간마저 즐겁게 감수한다. 둥지 짓는 까치를 보면서 나 역시 달콤한 긴 휴식을 위해, 뛸 때 좀 더 열심히 뛰어 보자 하고 작은 다짐을 해 본다.

19

# 흑두루미가 뭉치라도 뭐 어떤가

1월

겨울 하면 순천만이다. 천연기념물 제228호인 흑두루미가 1,000마리도 넘게 찾아오기 때문이다. 순천만은 우리나라 최대의 흑두루미 도래지이다. 겨울 철새인 흑두루미는 크기가 워낙 커서 주로 규모가 큰 바닷가 근처에 내려와 겨울을 난다. 바닷가는 살 공간이 넓고 사람들의 간섭이 거의 없으며 무엇보다 먹을거리가 풍부하기 때문이다. 갯벌을 뒤져서 칠게, 갈게 같은 작은 먹이들을 잡아먹기도 하지만 흑두루미가 가장 좋아하는 것은 간척지의 낟알들이다. 낮에는 주로 이런 알곡을 집어서 먹고 밤에는 갯벌 안에 무리로 모여 머리를 깃털에 묻고 한 발로 서서 편안히(?) 잠을 잔다.

그들은 무리로 활동하고, 무리로 날고, 무리로 먹이를 찾아 나선다. 그들에게 있어 무리는 삶이자 생명 줄이다. 무리에서 이탈한

하늘의 두루미.

두루미는 주로 텃새화된다. 이동할 능력은 물론 자신감마저 상실하기 때문이다. 어떻게 보면 그렇게 정착하는 삶이 좋아 보이기도 하지만 이 세상에 한곳에 정착하기를 원하는 두루미는 한 마리도 없다.

두루미는 그 이름처럼 "뚜루룩 뚜룩" 하는 특유의 경쾌하고 큰 소리를 내면서 하늘을 난다. 이 목소리를 아는 사람은 저기 날아가는 새 무리가 두루미들이라는 것을 단박에 알 수 있다. 황새와 두루미를 구별할 때도 소리로 할 수 있다. 황새는 목소리가 없이 "따

다다닥" 부리를 부딪쳐 소리를 내지만 두루미는 "뚜루룩 뚜룩" 요란한 소리를 내기 때문에 금방 구별이 간다.

두루미는 병풍 속에 나오는 단정학 그림처럼 겉모습은 무척 아름다운 새지만 목소리는 그리 추천할 바는 아니다. 하지만 이렇게 시끄러워야 멀리 있는 동료들 사이에 레이다 같은 의사소통이 가능할 것이니 괜히 인간의 잣대로 그들을 규정짓지 말자.

'음치이면 뭐 어떤가? 노래만 잘 부르면 되지.'

이 기회에 잠깐 내 위안도 해 본다.

## 착륙은 패러글라이더처럼

내셔널지오그래픽 같은 채널에서 아무리 훌륭한 자연의 영상을 제공한다 해도 직접 가서 보는 감동에 비할 바가 아니다. 그래서 사람들은 티브이 속에서는 흔한 장면, 예컨대 사자가 영양을 사냥하는 장면을 찾아서 엄청난 시간과 돈을 들여 아프리카에 간다. 실제로 본다면 그 찰나의 기억은 머릿속에서 영원히 지울 수 없는 감동이 된다. 백문이 불여일견이라지 않던가. 그래서 나도 짬을 내어 모든 것이 초라해진 겨울에만 찾아오는 진객을 행여 놓칠세라 서둘러 보러 간 것이다.

그들을 볼 수도 있고 못 볼 수도 있다. 그들은 내 앞에 짠 하고

순천만에서 만난 오색딱따구리.

시간 맞춰 나타나 주지 않는다. 그래도 무작정 가 본다. 흑두루미를 못 보면 순천만 갈대밭이라도 걸으면 되니 바람맞는 일은 아니다. 단지 좀 서운하기는 하겠지만.

그런데 이번 여행은 매우 성공적이었다. 가자마자 "뚜룩뚜룩" 하고 머리 위에서 두루미 소리가 들리더니 갑자기 수백 마리가 나타나 하늘을 까맣게 덮었다. 그 모습을 자세히 보고 싶어 가까이 있는 망원경으로 얼른 달려갔다. 흑두루미들은 겨울 볕이 저무는 논으로 날아가 특유의 패러글라이더 같은 모습으로 한 마리씩 질서 있게 연착륙하고 있었다. 마치 2차 대전 때 지상 최대의 공수 작전이었던 '마켓가든 작전'처럼 수많은 낙하산 부대원이 지상에 내려앉는 듯한 착시를 불러일으켰다. 사진에서 많이 본 장면인데 직접 보니 '아, 바로 저 모습이구나.' 하고 감탄사가 절로 나왔다.

## 습지를 이루는 끈질긴 생명들

순천만은 육지에서 내려온 물이 최종적으로 바다와 합류하는 곳이다. 담수와 염수라는, 성격이 다른 물의 만남이 끊임없이 이루어지면서 이곳 습지 생태계를 풍부하게 만든다. 순천만은 이런 물의 흐름에 의해 만들어진 뻘 밭과 미로 같은 수로, 그리고 그런 험난한 습지에서도 생명력을 이어 가고 있는 갈대와 함초 등에 의해 유지되고 풍경이 만들어지는 곳이다.

첫 번째 다리를 건너는데 다리 아래가 그야말로 물 반 새 반이다. 수많은 오리류 철새가 물 위에 동동 떠 있고 그들 선두에는 큰 저어새 한 마리가 힘차게 주걱 부리를 좌우로 흔들며 나아가고 있다. 마치 용맹한 장군이 "제군들이여! 나를 따라 먹이 사냥을 나가자!" 하는 것 같은 위풍당당한 풍채다. 저들은 이 차가운 겨울 바다에서 무엇을 잡아먹는 것일까? 갯지렁이, 부유 식물, 플랑크톤 그것도 아니면 흙? 겨울 바다에 나가면 궁금한 것이 한가득 쌓인다. 이 얼어붙은 바다에는 과연 어떤 생명들이 살고 있어 이들의 삶을 지탱해 주는 것일까?

## 소멸하는 것마저 아름다운

감동의 기운을 몰아 낙조가 그리 아름답다는 용산전망대로 힘차게 걸어갔다. 열 번도 넘게 간 순천만이지만 용산전망대까지 제대로 가 본 기억이 없다. 등산으로 한 시간가량 가야 하는데 '단체로 놀러 와서 굳이 등산까지 해야 하나?' 하는 주위의 따가운 시선에 밀려 못 가 본 것이다. 혼자라서 좋은 건 결정도 내 맘대로 하고 가 보고 싶은 곳도 어디든 다 갈 수 있다는 것이다. 이번에는 홀로 여행의 재미를 톡톡히 본다.

용산전망대로 가는 길에 있는, 잘 정돈된 데크 곁으로 갈대밭이 한없이 펼쳐진다. 지금의 색은 조락의 색이다. 소멸하는 것마저 함께 있으면 아름답다. 이렇듯 많은 갈대가 해마다 카드 섹션처럼 색깔을 달리하며 신세계를 펼쳐 보인다. 봄부터는 초록의 향연이 펼쳐질 것이다.

이 겨울 습지에는 지난 가을에 풍성했던 빨간 농게와 톡톡 뛰는 짱뚱어가 한 마리도 보이지 않는다. 수많은 동그란 구멍만이 그들이 거기 있었다는 것을 증명하고 있을 뿐이다. 구멍은 마치 터키

카파도키아의 집들처럼 간단하면서도 효율적인 멋진 집이다. 지진이나 해일에도 끄떡없을 만큼 완벽하다.

무소유란 바로 이런 것 아닐까? 소유하지 않으니 아무리 무리가 많아도 나 하나 살 수 있는 땅은 무한대로 확장될 수 있다. 사람들은 너무나 넓은 면적을 소유하고 살면서도 늘 불완전함을 느낀다. 이런 자연을 보고 매번 다짐하는 것이 무소유의 삶인데 실천하기가 참 힘들다. 무리의 삶에서 뒤처지는 것이 죽음보다 무섭고 두렵기 때문일까, 아니면 철학이 부족한 탓일까? 두루미가 무리에서 이탈하는 것이 너무나 어렵듯 나 또한 무리를 떠날 수 없나 보다. 나 역시 자연이 별로 반기지 않는 인간 무리의 일부분이란 것을 망망대해에서 여실히 절감한다.

그런데 그 많던 게와 짱뚱어는 도대체 다들 어디로 갔을까? 물이 들어오지 않는 깊은 굴속에 들어가 죽음보다 깊은 겨울잠을 자고 있을까? 아니면 먼 바다로 돌아올 수 없는 긴 여행을 떠났을까?

## 행여 낙조를 놓칠세라

터벅터벅 마치 높은 탑을 오르듯 용산전망대를 향해 끊임없이 산길을 돌아 오른다. 혼자라 누군가와 발을 맞출 필요도 없어 간간이 경치가 보이면 한참을 머물다 또 오른다. 해질녘이 가까워 오면

순천만의 낙조.

서 잠자러 들어가기 싫은 햇빛이 시나브로 성난 붉은빛을 내며 하늘과 육지를 수놓고 있다. 그러자 사람들은 행여 낙조 풍경을 놓칠세라 전망대 꼭대기를 향해 달음박질로, 총총걸음으로 서둘러 올라간다. 하지만 나는 '아무 데서나 보면 어때!' 하며 한껏 여유를 부린다. 용산전망대가 가까워져 올수록 사진에서만 보았던 자연의 예술품인 동글동글한 갈대밭이 한눈에 들어오기 시작한다.

‘다들 애써 오르는 이유가 있었어.’

사진으로 유명한 곳을 직접 보면 실망스러울 때도 많은데 이곳은 그렇지 않았다. 사람들이 왜 그리 시시포스처럼 오르는지 이제야 겨우 이해가 갔다. 이런 기막힌 풍경이 숨겨져 있기 때문이었다. 새들에게 난알의 일부를 내주고, 이런 순천만의 가치를 발견하여 아름답게 개발한 순천 사람들의 기적에 경의를 표한다.

하산하는 길, 저쪽에서 갑자기 시꺼먼 기러기 떼가 여러 개의 V 자를 그리며 날아오는가 싶더니 일순간 하늘을 덮었다. 그들 역시도 선량한 동료들과 보람찬 하루를 보내고 아름다운 귀가를 하고 있나 보다. 겨울날, 해질녘 순천만에서 엄청난 생명력을 만나고 있다.

20

# 겨울 우포늪의 숨은 보석, 큰기러기

1월

'우포(牛浦) 가는 길', 마치 영화 제목 같다. 우포라는 이름도 참 멋드러진다. 소가 있는 포구라는 뜻일까? 우리나라 최고의 자연 습지, 겨울 철새들의 낙원, 따오기복원센터라는 어지러운 수식어들이 붙어 있다. 마치 아마존 같은 미지의 어딘가를 찾아가는 듯한 묘한 기분이 들었다.

이런 곳을 찾아가는 여행을 '생태 관광'이라 부른다고 한다. 최근 들어 매우 인기 있는 여행이다. 난 진작부터 생태 관광 쪽으로 눈을 돌렸지만 사실 처음에는 누구에게도 말 못 할 비밀이었다. 간혹 그런 곳에 간다고 하면 "아니, 그런 곳에 왜 가? 재미있는 데 가지?"라는 놀람 반 빈정 반의 말을 듣기 일쑤였기 때문이다. 그럴 때마다 '내가 특이한가?' 하는 자기 검열을 하게 되었고 나중에는

'차라리 혼자 가자.' 하는 마음이 되었다.

혼자 가는 일은 가뿐해서 좋지만 길을 나서기가 영 힘들다. 결심하기도 힘들고, 떠나서도 '남들 안 하는 짓을 왜 굳이 하고 있지?' 하는 감정이 든다. 인간은 사회적 동물이라 본능적으로 소수가 가는 곳에는 잘 안 가는 법이다. 다수가 모이는 곳에는 그만한 이유가 있다고들 생각한다. 요즘에는 여행에 길벗이 있어서 참 다행이다.

## 따오기나 뜸부기는 왜 더 오지 않을까?

아침 일찍 출발했는데도 차로 장거리를 달린 터라 우포늪에 닿은 시간이 마침 점심시간이었다. 우포늪 입구부터 가로등까지 모두 따오기 표상이더니, 우리가 들어간 식당 이름도 따오기식당이었다. 우리나라에서 이미 1970년대에 자취를 감춘 동물. 논에서 개구리나 물고기를 잡아먹던 평화롭고 느린 새. 몸은 하얗고 얼굴은 빨갛고 부리는 굽은 가시처럼 생겨 마치 외계인 같은 형상을 하고 있는 새 따오기. 멸종 원인은 무분별한 농약 투여와 밀렵이었다고 하지만 정말 그게 전부였을까?

새들은 가만히 있는 것 같지만 '곁 눈치'를 많이 보는 동물이다. 선량한 이에게는 경계 거리를 줄이지만 예를 들어 개장수처럼 불길한 기운이 느껴지는 이에게는 경계 거리를 늘린다. 나에게도 동물들은 경계 거리를 많이 두는 편이다. 자기들에게 매우 관심을 보이기 때문이다. 그건 사냥꾼의 눈빛과도 비슷하다.

어쩌면 따오기들이 느끼기에, 우리나라에 여러 가지 악의적인 분위기가 있어서 무리 동물인 그들 사이에 '야! 한국 가지 말자. 거기 위험해!' 하는 공감대가 형성되었고, 그래서 언제부터인가 아무도 안 오게 된 것은 아닐까? 거기에 더해 미세한 기후 변화나 공기 오염 등 새들만 감지하는 무언가가 있지 않았나 싶다. 화산이 언제 터지고 지진이 왜 발생하는지 정확히 모르듯 따오기나 뜸부기 같은 새들이 왜 더는 안 오는지 정확히 모른다. 그들이 살아만 있다면 언젠가 다시 나그네새가 되어 잠깐 들렀다가 '음, 여기도 살기 괜찮네?' 하며 동료들을 이끌고 올 수도 있을 것이다. 넓게 보면 사람의 행동과 한 치도 다를 게 없다.

더는 따오기가 찾아오지 않는데도 여기 우포늪이 따오기의 본산이 된 것은 중국에서 성체 따오기 네 마리를 들여와 복원하고 있기 때문이다. 현재 200마리 정도까지 복원이 진행되었고 이곳 우포늪에 자연 방사하여 한국 따오기 무리를 이룰 계획이다. 지리산 반달곰에 이어 또 하나의 생물 복원 사업의 표본이 될 것이다.

내가 아는 바로 현재 우리나라에서는 설악산의 산양, 소백산의 여우, 지리산의 반달곰, 청주의 황새 복원 사업이 진행 중이다. 모두 우리나라에 널리 살았다가 어느 날 홀연히 자취를 감춘 종들이다.

따오기 조각으로 장식한 가로등.

남북 화해와 사회적인 공감만 이루어진다면 디엠지(DMZ) 같은 곳의 자연 생태계를 기반으로 늑대, 호랑이, 표범, 스라소니 등도 복원할 수 있지 않을까? 이들 모두 치명적이지만 아름다운 우리나라 고유종들이다.

## 따옥 따옥 따옥 소리

따오기식당에서 먹은 우렁비빔밥은 관광지답지 않게 저렴하면서도 맛이 무척 좋았다. 식당이 아니라 카페 같은 깔끔한 분위기도 마음에 들었다. 식당 벽에는 「따오기」 노래의 가사가 붙어 있었다. 가사도 멜로디도 모두 슬픔을 승화하는 데는 아주 제격이다. 어릴 적에 그 노래를 부르면 저절로 눈물이 나면서 슬픔이 가셨던 기억이 아련히 떠오른다. 여기 잠시 가사를 음미하며 적어 본다.

보일 듯이 보일 듯이 보이지 않는
따옥 따옥 따옥 소리 처량한 소리
떠나가면 가는 곳이 어디메이뇨
내 어머니 가신 나라 해 돋는 나라

일제 강점기 때 만들어진 동요라고 하는데 우리 정서에 참 잘 맞는 노래이다. 따오기를 복원해서 이 노래와 함께 생태와 문화를 결합한다면 어른들에게 향수를 불러일으킬 수 있겠다. 여기다 누군가 새로 작곡한, 밝은 따오기 노래가 하나 더해지면 금상첨화이리라.

## 나 이륙하니까 조심해

본격적으로 우포늪 걷기를 시작했다. 우포늪은 우리나라 최대의 자연 습지이고 세계 습지 보호 기구인 람사르협회가 그 가치를 인정해 보호하고 있는 람사르 습지라고 한다. 그래도 두 시간이면 다 도는 가벼운 코스였다. 미국이나 중국에 있는, 며칠을 걸어도 도대체 끝이 나오지 않는 자연 벌판을 생각하면 아담해서 좋기는 한데 이 정도가 국내 최대라는 말에 조금 씁쓸함도 느껴진다. 그래도 미지의 세계에 첫발을 들여놓는 일은 늘 설레고 즐겁다. 이런 순간이면 내 눈이 유난히 반짝인다고, 어떤 이가 말해 준 적이 있다. 마음을 숨기는 것은 내가 잘 못하는 일이기도 하다.

습지가 안고 있는 큰 호수 안에는 커다란 겨울 철새들이 한가득 있었다. 그런데 그동안 순천만이나 영산강 등에서 본 여느 습지와는 느낌이 달랐다. 철새의 종류가 주로 '큰기러기'였기 때문이다. 큰기러기는 거의 비슷하게 생긴 '개리'와 구별해야 한다. 그 둘을 구별하는 팁은 부리 끝에 노란 띠가 있는지 없는지이다. 노란 띠가 있는 것이 큰기러기이다. 물론 다른 차이도 여럿 있지만 학자들도 주로 이 점을 살핀다.

우리나라에 오는 겨울 철새 오리 종류는 50가지가 넘으니 이들을 일일이 구별하는 것은 무척 힘든 일이다. 그래서 일반인들은 그냥 큰 오리, 작은 오리 정도로 구별한다. 나 역시 그렇지만 그래도 구별해 보려고 노력하고 있다.

우포늪의 큰기러기 수는 500마리 정도는 되어 보였다. 이렇게 큰 무리의 큰기러기는 일찍이 본 적이 없었다. 내가 처음 만난 큰기러기는 불행히도 농약이 든 볍씨를 먹고 사경을 헤매는, 마대 자루에 든 다섯 마리였다. 거의 죽기 직전에 데려온 터라 한 마리도 살리지 못했다. 부검을 통해 위 안에서 파랗게 물든 볍씨들을 발견하고 농약 성분을 검출한 뒤 '아직도 이런 짓을!' 하고 분노했던 기억이 떠올랐다.

주변 농경지에는 떨어진 볍씨나 새싹을 먹으려고 돌아다니는

물 위에서 노니는 큰기러기들.

큰기러기 떼도 곳곳에 보였다. 그들은 이륙과 착륙을 할 때 마치 경고라도 하듯 "꽥꽥" 하는 요란한 소리를 지른다. 몸짓만큼이나 소리도 요란하다. '나 착륙하니 자리 좀 비켜 줘!' '나 이륙하니 위에 있는 애들 조심해!' 하고 경고하는 듯했다. 아니면 이착륙에 에너지가 많이 소모되니 힘겨워서 내뱉는 신음 소리일지도 모른다.

그들이 물에서 쉬거나 나는 데에 일정한 규칙 같은 것은 발견되지 않는다. 그저 동료의 눈치를 살피다가 날고 싶으면 날고 쉬고 싶으면 쉰다. 그들의 여유 있는 모습을 보고 있노라면 마치 겨울을 나기 위해 휴양차 온 것 같다. 휴양지에서 총을 맞거나 농약을 먹는 것같이 재수 없는 사건은 또 없어야 한다. 그런 일이 자주 일어나면 큰기러기들은 다시 오지 않을 것이다.

역시 큰 새는 큰 새답다. 그만큼 커다란 여유가 느껴지고 움직이는 데 기품이 있다. 겨울 우포늪의 숨은 보석은 바로 이 큰기러기들이다. 이들 덕분에 겨울 우포늪은 사계절 어느 때보다 활기를 띤다. 집은 사람이 살아야 유지되듯 자연도 생명이 깃들어야 유지된다. 자연은 우리 모두의 집이니 잘 지켜야 집 없는 설움도 없을 것이다.

## 따오기를 온전히 복원하려면

우포가 왜 우포인지 계속 궁금했다. 분명 내륙 한가운데 있는 호수 같은데 바다처럼 포구라니? 마포, 영산포, 삼천포 같은 곳들은 바다와 연접해 있어 바닷물이 수시로 드나들고 배가 분주히 오간다. 포구라는 곳은 이렇게 배가 수시로 닿는 곳이다. 그런 의미에서 비록 규모가 작긴 하지만 이곳도 포구는 맞는 셈이다. 예전에는 물가에 소를 매어 두고 카누처럼 생긴 작은 조각배를 타고 나가 우렁이나 민물고기를 잡았다. 이 작은, 배 같지 않은 배가 묶여 있어 마을 곳곳에 우포, 목포, 사지포라는 명칭이 붙었던 것이다. 동네 분들이 얼마나 살뜰히 물을 이용했으면 이런 이름들이 붙었을까? 조각배에 의지해 안개 낀 새벽 우포늪을 대나무 막대로 노 저어 오는 풍경을 상상해 본다. 지극히 낭만적이지만, 그것이 곧 생계였을 때 조각배는 참으로 치열했을 생활의 발명품이었으리라.

계속 걷다 보니 산 위에 꼭 골프 연습장 같은 우람한 시설이 보인다. 직감적으로 '아, 저기가 따오기복원센터겠구나.' 하고 알 수 있었다. 복원 센터는 당연히 일반인 출입 금지였다. 그들을 엄격히 보호해야 하기 때문이다. 사람과 접촉을 최소화해야 각인이라는 의존 현상 없이 온전하게 야생 동물로 자연으로 돌아갈 수 있다. 야생성을 얼마나 유지해 줄 수 있느냐가 복원 성공의 관건이다. 지리산 반달곰도 최대한 노력했지만 일부 개체는 스스로 각인이 되어 사람을 쫓아다니는 현상이 일어났고 결국 그들은 복원에 실패했다. 사람이 보호하지만 사람을 제대로 피해야 비로소 복원에 성공하는 셈이니, 아이러니가 아닐 수 없다. 먼발치에서 복원 센터를 보면서 이런 탁월한 성과를 이루고 빠른 시일 내 방사할 수 있게 해 준 분들에게 무한한 감사를 느꼈다.

'따오기야, 정말 보고 싶다.'

이제 전쟁이라는 끔찍한 시기를 지나 사람도 자연환경도 좋아졌으니 동물들도 좀 더 편안하게 세상에 나올 수 있다. 복원 사업의 성패는 사람과 동물이 모두 자연 속에서 풍요롭게 잘 살 수 있는 데에 달려 있다.

우포늪을 계속 걷다 보니 이곳이 오래된 이야기 같은 곳임을 느

우포늪에 신비로운 분위기를 더하는 나무.

낀다. 물안개가 피어오르고, 아름드리 버드나무 숲이 이어지고 마치 유에프오(UFO)처럼 생긴 수초 씨들이 수도 없이 떠다니는 곳. 갈대숲과 진흙 속, 수면 밑 등 보이지 않는 곳에서 그보다 몇만 배 많은 생명이 신비한 이야기를 마구 펼쳐 내는 곳. 그곳이 곧 우포늪이었다.

다시 길 위에 서서

# 그들을 만나고 싶은 이유

지면이 부족하고 정보도 부족한 데다 사람들의 관심도 덜 끄는 동물들이라 어디에도 미처 소개하지 못한 동물들이 있다. 대개는 멀리 가지 않아도 주변에서 우연히 만날 수 있는 동물들이다. 이들을 언젠가 한번은 꼭 모아서 이야기해 봐야겠다고 생각했다. 책을 마치며, 마지막으로 누구나 흔하게 만나는 낯익은 동물들을 소개하고 싶다.

## 두꺼비에게도 올챙이 시절이 있다

늦봄인가 우연히 저수지에서 시커멓게 모여 우글대는 올챙이

두꺼비와 두꺼비의 올챙이 떼.

떼를 두 번이나 보았다. 어떤 개구리의 올챙이이기에 저렇게 많이 모여 있나 싶었다. 나중에 찾아보니 두꺼비의 올챙이들이었다. 다 큰 두꺼비는 물을 싫어해서 올챙이 시절과 짝짓기 철을 빼놓고는 거의 물에 들어가지 않는다고 한다. 그리고 그 올챙이들은 이렇게 얕은 물가에 우글우글 모여 있는 것이 특징이란다.

두꺼비의 올챙이들이 죽은 붕어 주위를  둘러싸고 있는 것을 본 적도 있다. 아마도 먹을 수 있는 것을 그렇게 단체로 취하나 보았다. 부모가 돌봐 주지 않으니 자기들끼리 뭉쳐 생명을 지키려는 가상한 노력이리라. 그들은 물 흐름에 따라 끊임없이 모였다 흩어지기를 무한 반복한다.

나는 두꺼비에게도 올챙이 시절이 있는 줄 몰랐다. 어쩐지 두꺼비는 처음부터 꼭 그 모양대로 태어날 것 같다. 저렇게 많은 두꺼비 올챙이들은 앞발 뒷발이 나오고 나면 다들 어디로 사라지는 것일까? 세상에는 우리가 아는 생명보다 모르는 생명이 훨씬 더 많다.

## 말들의 눈빛을 보면

요즘 들어 말을 자주 보았다. 고창 읍성의 영화 촬영지, 동네 저수지의 둑, 한적한 드들강 강변에서도 말을 보았다. 뚜벅뚜벅 당당히 걸어가는 말은 아름다우면서도 범접할 수 없는 위엄을 지녔다. 그런데 또 그 이유 때문에 몽고야생말이나 미국의 야생마 무스탕, 얼룩말을 빼놓고는 거의 가축화되어 버렸다.

예전에는 사람만큼이나 많은 말이 전쟁에서 희생당했다. 그 수요를 채우기 위해 우리나라를 비롯해 전 세계 수많은 나라가 말을 키우는 데 아주 열심이었다. 말을 타고 싸우는 기마병은 요즘의 탱크와 같았으니 말 없이 전쟁을 치르는 것은 거의 불가능했다. 하지만 지금의 말들은 이렇게 둑길에서나 타닥거리며 호사가들의 취미를 맞추어 주고 있을 뿐이다. 그래서인지 요즘 그들의 눈빛은 무기력하고 애처로워 보인다.

## 지네는 억울해

발이 많은 지네는 인기는 없지만 가끔 보는 동물이다. 특히 시골집에 오랜만에 가서 청소하다 보면 장판 밑에서 갑자기 튀어나와 기절초풍하게 만든다. 지네는 독이 있다지만 살면서 지네에 물린 적도 없고 물렸다는 사람을 본 적도 없다. 어쩌면 실제보다 과도한 오해를 받고 바짝 엎드려 사는 불쌍한 동물일지도 모른다.

얼핏 보면 뱀 다음으로 징그럽지만, 가만히 살펴보면 청동색으로 반짝반짝하고, 온몸이 무기인 듯 단단하게 생겨서 참 멋진 동물이라는 생각이 들기도 한다. 세상에 이렇게 작은 악마 정도는 있어 줘야 인간들이 긴장도 하고 새삼 살맛도 느끼는 것 아닐까?

발이 많은 지네.

## 도마뱀붙이의 붙임성

작은 도마뱀들도 심심치 않게 본다. 까만 녀석들은 길을 걷다 잠깐 쉬는 나그네의 곁을 소리 소문도 없이 푸르르 지나간다. 그런데 그렇게 빠르지는 않다. 가끔 멈춰서 뒤돌아보기 때문에 잡으려면 얼마든지 잡을 수 있다. 나는 가끔 손아귀에 넣고 들여다보다 풀어 주기도 한다. 길을 걷다가 무언가 부스럭거려서 들여다보면 거의 이 녀석들이다. 그래서 순렛길에 특별히 숨바꼭질 같은 소소한 재미를 보태 주는 깜찍한 녀석들이기도 하다.

도마뱀과 비슷한 녀석들로, 태국 같은 동남아시아에 가면 가장 흔히 보이는 동물이 도마뱀붙이이다. 도마뱀붙이는 도마뱀인 것도 아니고, 그렇다고 아닌 것도 아니다. 그냥 도마뱀과는 모양이나 생활 형태가 조금 다르다. 도마뱀보다 눈이 크고 얼룩무늬도 커서 훨씬 예쁘고 캐릭터로도 많이 쓰인다. 내 고물차에도 은색의 도마뱀붙이 장식이 떡 붙어 있다.

잘 알다시피 포스트잇 탄생의 비밀이 녀석의 발바닥에 있다. 하지만 완전히 같은 원리는 아니다. 녀석들 발바닥은 오히려 물을 묻혀서 유리창에 붙이는 고무와 더 닮았다. 워낙 이런 '붙임성'이 좋아 천장에 거꾸로 매달려 다니기도 한다.

## 황구렁이는 스파이더맨?

초가을 날 운 좋게 황구렁이 한 마리를 보았다. 황구렁이는 멸종위기 종이지만 요즘 도심 주변에 자주 보인다. 예부터 집 안에 나타나면, 재산을 늘려 주는 '업구렁이'라고 해서 지금도 결코 해치지 않는 뱀이다. 그중에는 엄청난 크기로 자란 뱀도 있다.

내가 발견한 순간, 녀석은 마치 고무줄처럼 배수구의 날개와 날개 사이를 용케도 잘 빠져나갔다. 유연성 하나는 끝내주는 것이 바로 뱀이다. 녀석은 담을 타고 수직으로 올라가더니 이번에는 나무를 타기 시작했다. '재들은 스파이더맨이야?' 하는 생각이 들었다. 동남아시아의 '날뱀'은 나무 사이도 날 수 있다는데 뱀의 능력의 끝은 과연 어디일까?

뱀들의 그런 능력이 진화할수록 어렵게 나무 위에 자리 잡은 새들은 더 불안해져서 더 높은 곳으로 옮겨 가야 한다. 누군가 잘되면 어디선가 꼭 불안해하는 이들이 생기는 것이 인간사와 자연의 불변의 법칙인 걸까?

## 반딧불이가 돌아왔다

반딧불이에 대한 오해 한 가지는 무리로 모여 산다는 것이다. 그

오해 때문에 가난한 이가 반딧불이와 눈을 모아 밤에 공부를 한다는 '형설지공'이라는 사자성어도 생긴 것 같다. 그런데 내가 초가을 어스름 속에서 만난 그들은 대개 10마리 미만으로 모여서 몸 뒤에 불을 켜고 하나의 촛불이 되어 먼지처럼 날고 있을 뿐이었다. 말레이시아의 코타키나발루는 반딧불이가 한곳에 무수히 모여 있어 명소가 되었다지만 적어도 우리나라 반딧불이로 형설지공을 하려면 꽤 여러 군데를 돌아다녀야 가능할 것이다.

어쨌든 반딧불이는 확실히 우리에게 다시 돌아온 것 같다. 초가을녘 습하고 인적이 드문 여러 곳에서 내 눈으로 목격했기에 이렇게 말할 수 있다. 자연이 좋아지면 가장 먼저 곤충들이 돌아오는데 이렇게 축제 같은 곤충들도 함께 따라 돌아오는 것이다.

## 고양이는 가난해도 비굴하지 않아

마을 길을 돌다 보면 대략 2킬로미터마다 한 마리씩 줄에 묶인 개를 보게 되고, 또 대략 1킬로미터마다 한 마리씩 편안히 길을 거니는 고양이들을 만나게 된다. 둘의 처지는 참 차이 나 보인다. 개는 집도 있고 먹이도 주어지지만 줄에 묶여 있어 사방 2미터 반경을 벗어날 수 없다. 비가 오나 눈이 오나 항상 누군가를 바라보아야만 한다.

하지만 고양이는 비록 먹이도 일정치 않고 집도 없지만 자유롭게 돌아다닌다. 가끔 지나가는 나그네를 무심한 듯 따라오기도 한다. 그럴 때면 그에게 맛있는 간식을 내어줄 수밖에 없다. 둘의 처지를 비교하자면 고양이 쪽에 한 표를 주고 싶다. 표정이나 태도에서 여유로움과 편안함이 더 많이 느껴지기 때문이다.

비록 물질적으로는 가진 것이 없지만 자유로운 영혼을 지녔다는 것이 바로 고양이들의 행복 비결이다. 가난하지만 비굴하지 않고 배부른 속박보다는 배고픈 자유를 택하는 그들에게서 많은 것을 배우고 깨닫는다. 그것이 길 위에서 어쩌면 평범할 수도 있는 그들을 만나고 싶은 이유이기도 하다.

자연의 동물 중에서 우리에게 스승 아닌 것이 과연 한 가지라도 있을까?